土质土力学
实验指导书

TUZHI TULIXUE SHIYAN ZHIDAOSHU

陈琼　崔德山　曹颖　鲁莎　主编

中国地质大学出版社
ZHONGGUO DIZHI DAXUE CHUBANSHE

图书在版编目(CIP)数据

土质土力学试验指导书/陈琼主编.—武汉:中国地质大学出版社,2023.2
ISBN 978-7-5625-5510-0

Ⅰ.①土…　Ⅱ.①陈…　Ⅲ.①土质学-高等学校-教学参考资料 ②土力学-高等学校-教学参考资料　Ⅳ.①P642.1②TU43

中国国家版本馆 CIP 数据核字(2023)第 032770 号

土质土力学实验指导书	陈琼　崔德山　曹颖　鲁莎　主编
责任编辑:沈婷婷　　　选题策划:毕克成　张晓红　王凤林　陈琪	责任校对:徐蕾蕾
出版发行:中国地质大学出版社(武汉市洪山区鲁磨路 388 号)	邮编:430074
电　　话:(027)67883511　　　传　　真:(027)67883580	E-mail:cbb@cug.edu.cn
经　　销:全国新华书店	http://cugp.cug.edu.cn
开本:787 毫米×1092 毫米　1/16	字数:237 千字　　印张:7.5
版次:2023 年 2 月第 1 版	印次:2023 年 2 月第 1 次印刷
印刷:武汉市籍缘印刷厂	
ISBN 978-7-5625-5510-0	定价:35.00 元(含土质土力学实验报告)

如有印装质量问题请与印刷厂联系调换

前　言

　　土质土力学实验是土木工程、地质工程、勘查技术与工程、城市地下空间工程、环境科学与工程、水文与水资源工程、地下水科学与工程等专业的重要实验环节,怎样有效地开展土质土力学实验,如何正确地测定土的物理力学性质,为工程设计和施工提供可靠的计算参数,是各类工程建设和科研项目首先必须要解决的问题。

　　本书与《土力学》(第三版,作者:林彤、马淑芝、冯庆高等)教材配套使用,是学生必备的实验指导用书。由于《土工试验方法标准》(GB/T 50123—2019)等相关新规范的实施,编者结合多年的实验教学经验,按照国家现行的新规范和实验室新增仪器设备对原有《土工实验指导书》(第二版)进行了修订和补充。删除了锥式液限仪法测定黏性土的液限实验、静力触探实验、旁压实验和扁铲侧胀实验等;增加了试样制备与饱和、击实实验、渗透实验、无侧限抗压强度实验、排水反复直接剪切实验和环剪实验等。

　　全书共分九章,第一章试样制备与饱和,第二章颗粒分析实验,第三章土的物理性质指标实验,第四章界限含水率实验,第五章击实实验,第六章渗透实验,第七章固结实验,第八章土的抗剪强度实验,第九章土的残余强度实验,另附加了土质土力学实验报告。其中第一章、第四章、第五章、第六章、第七章、第九章和土质土力学实验报告由陈琼、崔德山编写,第二章、第三章由陈琼、曹颖编写,第八章由曹颖、鲁莎、陈琼编写,由陈琼负责全书的统稿工作。

　　本书在编写过程中,参考了大量相关的实验指导书,引用了相关的规范、规程和条文,在此谨向这些作者表示感谢。感谢对本教材再版提供帮助的各位领导和老师,特别感谢中国地质大学出版社和本书编辑。由于编者水平有限,若书中存在不足与疏漏之处,恳切希望广大读者不吝指正。

编　者

2022 年 11 月

目　录

第一章　试样制备与饱和

　　土质土力学实验大致可分为土的物理性质实验和土的力学性质实验。土的物理性质实验包含密度实验、含水率实验、比重实验、界限含水率实验和击实实验等；土的力学性质实验包含土的渗透实验、固结实验、抗剪强度实验和残余强度实验等。不同的实验项目所需土样类别不同，试样制备方法也不同，本章介绍试样制备与饱和方法。

第一节　试样制备

一、试样制备仪器设备

　　(1)筛：孔径 20mm、5mm、2mm、0.5mm。

　　(2)洗筛：孔径 0.075mm。

　　(3)台秤：称量 10～40kg，分度值 5g。

　　(4)天平：称量 1000g，分度值 0.1g；称量 200g，分度值 0.01g。

　　(5)碎土器：磨土机。

　　(6)击实器：包括活塞、导筒和环刀。

　　(7)真空泵(附真空表)。

　　(8)真空饱和缸。

　　(9)饱和器。

　　其他设备：烘箱、干燥器、保湿器、研钵、橡皮锤、木碾、橡皮板、玻璃瓶、削土刀、钢丝锯、凡士林、土样标签及盛土盘。

二、原状土试样制备

　　(1)应小心开启原状土样包装皮，辨别土样各层次，整平土样两端。无特殊要求时，切土方向应与天然层次垂直。

　　(2)将实验用的环刀内壁涂一薄层凡士林，刃口向下放在土样上。用削土刀将土样切削成稍大于环刀直径的土柱。然后将环刀垂直向下压，边压边削，直至土样伸出环刀为止。削去两端余土并修平。擦净环刀外壁，称量环刀、土总质量，精确至 0.1g，用削下来的余土测定土样的含水率。

(3)试样制备的数量根据实验需要而定,应多制备1~2个备用。同一组试样的密度最大允许差值应为±0.03g/cm³,含水率最大允许差值应为±2%。

(4)切取试样后剩余的原状土样,应用蜡纸包好置于保湿缸内,以备补做实验之用;切削的余土做物理性质实验。

(5)根据实验和工程要求,确定试样是否需要进行饱和。当不立即进行实验或饱和时,应将试样暂存于保湿缸内。

三、扰动土试样制备

1. 配备试样

1)细粒土按下述步骤配备试样。

(1)将扰动土充分拌匀,取代表性土样进行含水率测定。

(2)将块状扰动土放在橡皮板上用木碾或利用碎土器碾散,碾散时勿压碎颗粒;当含水率较大时,可先风干至易碾散为止。

(3)根据实验所需试样质量,将碾散后的土样过筛。过筛后用四分对角取样法,取出足够质量的代表性试样装入玻璃缸内。试样应贴标签,标签内容应包括任务单号、土样编号、过筛孔径、用途、制备日期和实验人员,以备各项实验之用。对风干土,应测定风干含水率 w_0。

(4)配备一定含水率 w' 的试样,取过筛的风干土 1~5kg,平铺在不吸水的盘内,按式(1-1)计算制备试样所需的加水量 m_w。用喷雾器喷洒所需加水量,静置一段时间,装入玻璃缸内密封,湿润一昼夜备用,砂类土润湿时间可酌情减短。

$$m_w = \frac{m_0}{1 + 0.01 w_0} \times 0.01 (w' - w_0) \tag{1-1}$$

式中:m_w——土样所需加水质量(g);

$\quad m_0$——风干土质量(g);

$\quad w_0$——风干土含水率(%);

$\quad w'$——土样所要求的含水率(%)。

(5)测定湿润土样不同位置的含水率,取样点不应少于2个,最大允许差值应为±1%。

(6)对不同土层的土样制备混合土试样时,应根据各土层厚度,按权数计算相应的质量配比,然后按照上述步骤(1)~(4)配备土样。

2)粗粒土按下述步骤配备试样。

(1)对砂及砂砾土,可按四分法或分砂器细分土样。取足够实验用的代表性土试样供颗粒分析实验用,其余过 5mm 筛。筛上和筛下土样分别存放,供做比重实验及相对密度等实验用。取一部分过 2mm 筛的试样供做直接剪切、固结实验用。

(2)当有部分黏土依附在砂砾石表面时,先用水浸泡,将浸泡过的土样在 2mm 筛上冲洗,取筛上及筛下代表性的试样供颗粒分析实验用。

(3)将冲洗下来的土浆风干至易碾散为止,按细粒土的步骤配备试样。

2. 试样制备

首先根据制样模具的容积 V、风干土含水率及试样要求的干密度,按式(1-2)计算制备扰

动土试样所需总土质量

$$m_0 = (1 + 0.01 w_0)\rho_d V \tag{1-2}$$

式中：m_0——风干土质量(g)；

　　　w_0——风干土含水率(%)；

　　　ρ_d——制备试样所要求的干密度(g/cm^3)；

　　　V——击实土样体积或压样器所用环刀容积(cm^3)。

扰动土试样的制备，根据工程实际情况可分别采用击样法、击实法和压样法。

(1)击样法：将湿土倒入模具内，并固定在底板上的击实器内，用击实方法将土击入模具内，制备试样密度、含水率与制备标准之间最大允许差值应分别为±0.02g/cm^3与±1%；扰动土平行试样或一组内各试样之间最大允许差值应分别为±0.02g/cm^3与±1%。

(2)击实法：用手动或电动击实器将土样击实到所需的密度，用推土器推出(具体方法详见第五章)。将实验用的环刀内壁涂一薄层凡士林，刃口向下，放在土样上。用削土刀将土样切削成稍大于环刀直径的土柱。然后将环刀垂直向下压，边压边削，直至土样伸出环刀为止。削去两端余土并修平。擦净环刀外壁，称环刀、土总质量，精确至0.1g，并测定环刀两端削下余土的含水率，其密度和含水率满足第一条规定。

(3)压样法：是比较常用的一种方法，所用环刀制样器见图1-1；将环刀刃口朝下置于制样器底座内，在其上放置套筒，将配置好的湿土倒入制样器内，拂平土样表面，用压实器以静压力将土压入环刀内，直至填满环刀容积。土的密度、含水率满足第一条规定。

1.底座；2.套筒；3.压实器。

图1-1　环刀制样器

第二节　试样饱和方法

试样饱和方法视土样的透水性大小，可选用浸水饱和法、毛管饱和法及真空抽气饱和法。

砂土可直接采用浸水饱和法；较易透水的细粒土，渗透系数大于$1 \times 10^{-4} cm/s$时，宜采用毛管饱和法；不易透水的细粒土，渗透系数小于$1 \times 10^{-4} cm/s$时，宜采用真空抽气饱和法；当土的结构性较弱时，抽气可能发生扰动时，不宜采用真空抽气饱和法。

下面详细介绍毛管饱和法及真空抽气饱和法。

一、毛管饱和法

(1)选用框式饱和器(图 1-2),在装有试样的环刀两面贴放滤纸,再放两块大于环刀的透水板于滤纸上,通过框架两端的螺丝将透水板、环刀夹紧。

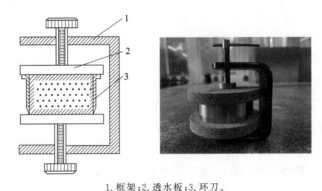

1.框架;2.透水板;3.环刀。

图 1-2　框式饱和器结构图及实物图

(2)将装好试样的框式饱和器放入水箱中,注入清水,水面不宜淹没试样。

(3)关上箱盖,防止水分蒸发,借土的毛细管作用使试样饱和约需 3d。

(4)试样饱和后,取出框式饱和器,松开螺丝,取出环刀,擦干外壁,吸去表面积水,取下试样上下滤纸,称环刀、土总质量,精确至 0.1g,按式(1-3)计算饱和度。

$$S_r = \frac{(\rho - \rho_d)G_s}{e\rho_d} \times 100 \text{ 或 } S_r = \frac{wG_s}{e} \tag{1-3}$$

式中:S_r——饱和度(%);

　　　ρ——饱和后的密度(g/cm³);

　　　G_s——土粒比重;

　　　e——孔隙比;

　　　w——饱和后的含水率(%)。

(5)如饱和度小于 95% 时,将环刀样再装入框式饱和器,浸入水中延长饱和时间直至满足要求。

二、真空抽气饱和法

(1)选用重叠式饱和器(图 1-3)或框式饱和器,在重叠式饱和器下板正中放置稍大于环刀直径的透水板和滤纸,将装有试样的环刀放在滤纸上,试样上再放一张滤纸和一块透水板,以此顺序由下向上重叠至拉杆的高度,将饱和器上夹板放在最上部透水板上,旋紧拉杆上端的螺丝,将各个环刀在上下夹板间夹紧。

(2)将装好试样的饱和器放入真空饱和缸内(图 1-4),盖缝内应涂一薄层凡士林,以防漏气,盖上缸盖。

(3)关管夹,开二通阀,将真空泵与真空饱和缸接通,开动真空泵,抽除缸内及土中的气体。当真空表接近 -0.1MPa 后,继续抽气,黏质土约 1h,粉质土约 0.5h 后,稍微开启管夹,

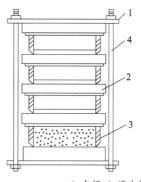

1.夹板;2.透水板;3.环刀;4.拉杆。

图 1-3 重叠式饱和器结构图及实物图

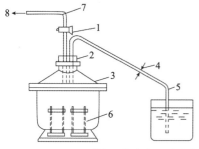

1.二通阀;2.橡皮塞;3.真空饱和缸;4.管夹;5.引水管;6.饱和器;7.排气管;8.接真空泵。

图 1-4 真空饱和缸结构图和真空泵

使清水由引水管徐徐注入真空饱和缸内。在注水过程中,应调节管夹,使真空表上的数值基本保持不变。

(4)待饱和器完全淹没水中后即停止抽气,将引水管自水缸中提出,开管夹使空气进入真空缸内,静置一定时间,细粒土宜为 10h,使试样充分饱和。

(5)试样饱和后,取出饱和器,松开螺丝,取出环刀,擦干外壁,吸去表面积水,取下试样上下滤纸,称环刀、土总量,精确至 0.1g,按式(1-3)计算饱和度。

第二章　颗粒分析实验

土的颗粒级配表示土体各粒组的相对含量,用各个粒组质量占土粒总质量的百分数表示。通过分析土的颗粒级配,可以对其工程特性进行判定,并对土进行分类定名。

土的颗粒级配是通过土的颗粒分析实验测定的,常用的测定方法有筛析法、密度计法和移液管法。根据土的粒径大小及级配情况,可分别采用下列3种方法:筛析法适用于粒径为0.075～60mm 的土,密度计法适用于粒径小于 0.075mm 的土,移液管法同样适用于粒径小于0.075mm的土。当土中粗细颗粒兼有时,应联合使用筛析法和密度计法或筛析法和移液管法。本章介绍筛析法和密度计法。

实验一　筛析法颗粒分析实验

一、实验目的

对粒径为 0.075～60mm 的土,判断土的级配良好与否,并对土进行分类定名。

二、实验原理

利用一套孔径大小不同的筛子,将风干且充分碾散的土样称重、过筛,分别称留在各筛上的土重,然后计算各粒组的质量分数、累积质量分数,定土名,绘制累积曲线图,计算不均匀系数和曲率系数,判断土的级配良好与否。

曲线的纵坐标表示小于某粒径的土粒质量分数,横坐标是用对数值表示土的粒径。这样可以把粒径相差上千倍的大小颗粒含量在同一坐标系中表示出来,尤其能把占总质量的比例小,但对土的性质有重要影响的细小土粒部分清楚地表示出来。

图 2-1 列举了 3 种土的颗粒级配累积曲线图。从曲线的形态上,可评定土颗粒大小的均匀程度。如曲线平缓表示粒径大小相差悬殊,颗粒不均匀,级配良好(如图 2-1 曲线 B);反之,则颗粒均匀,级配不良(如图 2-1 曲线 A、C)。

三、实验仪器

(1)粗筛:孔径分别为 60mm、40mm、20mm、10mm、5mm 和 2mm。

(2)细筛:孔径分别为 2.0mm、1.0mm、0.5mm、0.25mm、0.1mm 和 0.075mm。

(3)天平:称量 1000g,分度值 0.1g;称量 200g,分度值 0.01g。

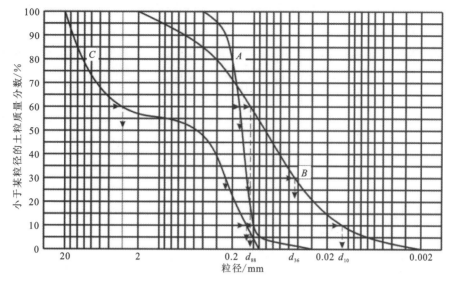

图 2-1　土的颗粒级配累积曲线图

(4)台秤:称量 5kg,分度值 1g。

(5)其他:振筛机、烘箱、附带橡皮头研杵、瓷盘、毛刷、铲子、尺子等。

本次教学实验所用标准分析筛的孔径分别为:10mm、5mm、2.0mm;1.0mm、0.5mm、0.25mm、0.1mm 和 0.075mm,如图 2-2 所示。

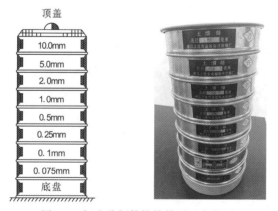

图 2-2　标准分析筛结构简图及实物图

四、实验步骤

(1)风干土样,将土样摊成薄层,在空气中放 1~2d,蒸发土中水分。若土样已干,则可直接使用。

(2)若试样中有结块,可将试样倒入研钵中,用橡皮头研杵研磨,直到结块成为单独颗粒为止。但需注意不要把颗粒研散。

(3)从风干、松散的土样中,用四分法按下列规定取出代表性试样。

最大粒径小于 2mm 的土取 100~300g;最大粒径小于 10mm 的土取 300~1000g;最大粒

径小于 20mm 的土取 1000～2000g；最大粒径小于 40mm 的土取 2000～4000g；最大粒径小于 60mm 的土取 4000g 以上。

本次教学实验选取试样总质量 300g 左右[教学实验因设备和时间有限，给学生准备的土样粒径可按照"最大粒径小于 10mm 的土取 300～1000g"这一条件准备]。

用四分法选取试样的方法如下：将土样拌匀，倒在纸上堆成圆锥体[图 2-3（a）]，然后用尺子以圆锥顶点为中心，向一定方向旋转[图 2-3（b）]，使圆锥体成为 1～2cm 厚的圆饼状，继而用钢尺画两条相互垂直的直线，使土样分为四等份，取走相同的两份[图 2-3（c）]，将剩下的两份拌匀[图 2-3（d）]，重复上述步骤，直至所取土样质量等于需要量为止。

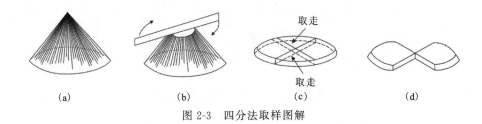

图 2-3　四分法取样图解

（4）用电子天平称取所需质量 m 的试样，精确到 0.1g，记录之。

（5）检查标准筛是否按顺序（大孔径放在上面，小孔径放在下面）叠好，筛孔是否干净，若夹有土粒，需刷净。

（6）将已称量的试样倒入顶层的筛盘中，盖好盖，用震筛机或双手进行筛析。手动筛析时，一手托住底盘，一手按紧上盖，平推或水平转动筛子，摇振时间一般为 10～15min。

（7）测量试样中最大颗粒的长、短径，计算平均值作为试样的最大粒径并记录之。

（8）由最大孔径筛开始，按顺序将每只筛盘取下，在报纸上用手轻叩摇晃筛盘，当仍有土粒漏下时，应继续轻叩摇晃筛，至无土粒漏下为止。漏下的土粒应全部放入下级筛内。

（9）称量留在各筛盘上的土粒质量 m_i，精确至 0.1g；按此顺序，直到最末一层筛盘筛净为止。

五、注意事项

（1）在进行筛析中，尤其是将试样由一器皿倒入另一器皿时，要避免微小颗粒的飞扬。

（2）过筛后，要检查筛孔中是否夹有颗粒，若夹有颗粒，应将颗粒轻轻刷下，放入该筛盘的土样中一并称量。

六、实验记录

实验数据记录表见表 2-1。

表 2-1 筛析法颗粒分析实验记录表

样品总质量：_____g   最大粒径：_____mm

筛孔直径/mm	筛上土的质量(即粒组质量)/g	修正后筛上土的质量(即修正后粒组质量)/g	累积留筛上土质量/g	筛下土质量(即小于某粒径的试样质量)/g	小于某粒径的试样质量占试样总质量的百分数/%
10					
5					
2					
1					
0.5					
0.25					
0.1					
0.075					
底盘					

注：表中计算数据保留一位小数。

七、实验结果整理

各筛盘及底盘上土粒的质量之和与筛前所称试样的总质量之差不得大于筛前总质量的1‰，不满足要求时需重新实验。若两者差值小于1‰，可视实验过程中误差产生的原因，分配给某些粒组。最终各粒组质量之和应与筛前所称试样的总质量相等。

将实验数据填写在记录表格中(见《土质土力学实验报告》)。根据实验结果计算累积质量分数，绘制颗粒级配累积曲线图，确定 d_{10}、d_{30} 和 d_{60}，计算不均匀系数 C_u 和曲率系数 C_c，判断土的级配良好与否，确定土名。

(1)小于某粒径的试样质量占试样总质量的百分数应按式(2-1)计算

$$X = \frac{m_i}{m} \times 100 \tag{2-1}$$

式中：X——小于某粒径的试样质量占试样总质量的百分数(%)；

m_i——小于某粒径的试样质量(g)；

m——试样总质量(g)。

(2)以小于某粒径的试样质量分数为纵坐标，颗粒粒径为横坐标，在单对数坐标系上绘制土的颗粒级配累积曲线图，见图 2-4。

(3)确定 d_{10}、d_{30} 和 d_{60}。

(4)级配指标不均匀系数 C_u 和曲率系数 C_c 应分别按式(2-2)、式(2-3)计算

不均匀系数：
$$C_u = \frac{d_{60}}{d_{10}} \tag{2-2}$$

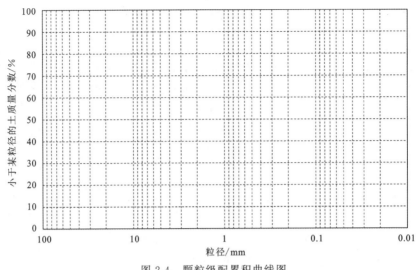

图 2-4　颗粒级配累积曲线图

式中:C_u——不均匀系数;

　　　d_{60}——限制粒径(mm),在颗粒级配累积曲线上小于该粒径的土质量占总土质量60%的粒径;

　　　d_{10}——有效粒径(mm),在颗粒级配累积曲线上小于该粒径的土质量占总土质量10%的粒径。

曲率系数:
$$C_c = \frac{d_{30}^2}{d_{60}\,d_{10}}$$
(2-3)

式中:C_c——曲率系数;

　　　d_{30}——在颗粒级配累积曲线上小于该粒径的土质量占总土质量30%的粒径(mm);

　　　其他符号含义同上。

(5)判断砂土的级配情况。在工程上,级配不均匀($C_u \geqslant 5$)且级配曲线连续($1 \leqslant C_c \leqslant 3$)的土,被认为是级配良好的土,作路堤、堤坝等填方工程的填土用料时,容易获得较大的密实度。

不能同时满足以上两个条件的土称为级配不良的土。

(6)确定土名。根据粒组的质量百分数定土名,砂土的定名按表2-2确定。若大于2mm的颗粒质量超过总质量50%时,用粗筛进行分析,按碎石土分类标准定名,见表2-3。

表 2-2　砂土分类

土的名称	颗粒级配
砾砂	粒径大于2mm的颗粒质量占总质量的25%~50%
粗砂	粒径大于0.5mm的颗粒质量超过总质量的50%
中砂	粒径大于0.25mm的颗粒质量超过总质量的50%
细砂	粒径大于0.075mm的颗粒质量超过总质量的85%
粉砂	粒径大于0.075mm的颗粒质量超过总质量的50%

注:定名时应根据颗粒级配由大到小以最先符合者确定。

表 2-3　碎石土分类

土的名称	颗粒形状	颗粒级配
漂石	圆形及亚圆形为主	粒径大于 200mm 的颗粒超过总质量的 50％
块石	棱角形为主	
卵石	圆形及亚圆形为主	粒径大于 20mm 的颗粒超过总质量的 50％
碎石	棱角形为主	
圆砾	圆形及亚圆形为主	粒径大于 2mm 的颗粒超过总质量的 50％
角砾	棱角形为主	

注:定名时应根据颗粒级配由大到小以最先符合者确定。

实验二　密度计法颗粒分析实验

一、实验目的

对于粒径小于 0.075mm 的试样质量大于总质量 10％ 的土,确定土的黏粒含量。

二、实验原理

密度计法是将一定质量的土样(粒径＜0.075mm)放入 1000mL 量筒中加纯水,加入 4％ 浓度的六偏磷酸钠 10mL 混合成 1000mL 的悬液,经过搅拌使土颗粒在悬液中均匀分布。静置悬液,在土粒下沉过程中,用密度计测出悬液中不同时间的不同悬液密度,根据密度计读数和土粒的下沉时间,利用司笃克斯(Stokes)定律可以计算悬液中不同大小土粒的直径,从而计算出小于某一粒径 d(mm)的颗粒的质量分数。

用密度计法进行颗粒分析时需作下列 3 个假定:司笃克斯(Stokes)定律适用于用土样颗粒组成的悬液;实验开始时,不同大小的土颗粒均匀地分布在悬液中;所采用的量筒直径较密度计直径大得多。

司笃克斯(Stokes)定律指出:小球体在水中沉降速度是恒定的,球形质点在无限广阔的液体中下沉,其沉降速度 v 与其直径 d 的平方成正比。

$$v = \frac{(\rho_s - \rho_w)g}{1800\eta} d^2 \tag{2-4}$$

式中:v——土粒沉降速率(cm/s);

　　　ρ_s——土粒密度(g/cm^3);

　　　ρ_w——水的密度(g/cm^3);

　　　g——重力加速度(981cm/s^2);

　　　η——水的动力黏滞系数(1×10^{-6} kPa·s);

　　　d——土粒直径(mm)。

土颗粒在溶液中靠自重下沉时,较大的土颗粒先下沉。经过某一时段 t,当直径为 d 的土粒下沉到 L 深度时,只有小于某一粒径 d 的土颗粒仍浮在悬液中,粒径大于 d 的土粒均在 L 深度以下,L 深度范围内土粒直径均小于 d,如土悬液原均匀一致,则此小于 d 的土粒质量分数并未改变。这些土粒在悬液中通过铅直距离 L,在时间 t 内的下沉速度 v 为:

$$v = \frac{L}{t} \tag{2-5}$$

式中:v——土粒沉降速率(cm/s);

L——土粒沉降距离(cm);

t——沉降时间(s)。

则

$$v = \frac{L}{t} = \frac{(\rho_{s} - \rho_{w})g}{1800\eta}d^{2} \tag{2-6}$$

$$d = \sqrt{\frac{1800\eta v}{(\rho_{s} - \rho_{w})g}} \cdot \sqrt{\frac{L}{t}} = K \cdot \sqrt{\frac{L}{t}} \tag{2-7}$$

式中:K——粒径计算系数;

其他符号含义同上。

已知密度的均匀悬液在静置过程中,由于不同粒径土粒的下沉速度不同,粗、细颗粒发生分异现象。随着粗颗粒不断沉至容器底部,悬液密度逐渐减小。密度计在悬液中的沉浮取决于悬液的密度变化。密度大时浮得高,读数大;密度小时浮得低,读数小。

悬液静置一段时间 t 后,将密度计放入盛有悬液的量筒中,可根据密度计刻度杆和液面指示的读数测得某深度 L 处的密度,并可求出下沉至 L 处的最大粒径,即可求出深度 L 内单位体积悬液中小于 d 的土粒质量及这些土粒质量占总土质量的百分数。由于悬液在静置过程中密度逐渐减小,相隔一段时间测定一次密度计读数,就可以求出不同粒径的累积质量分数。

三、实验仪器

(1)密度计:测定液体密度的仪器。它的主体是一个玻璃浮泡,浮泡下端有固定的重物,使密度计能直立地浮于液体中;浮泡上端为细长的刻度杆,其上有刻度和读数。目前使用的有甲种密度计和乙种密度计两种型号。这两种密度计的制造原理和使用方法基本相同,但密度计读数表示的含义不同。甲种密度计读数表示的是一定量悬液中的干土质量,乙种密度计读数表示的是悬液比重。甲种密度计刻度单位以 20℃时每 1000mL 悬液内所含干土质量的克数表示,刻度为 -5~50,分度值为 0.5,如图 2-5。乙种密度计刻度单位以 20℃时悬液的比重表示,刻度为 0.995~1.020,分度值为 0.000 2。

图 2-5　甲种密度计实物图

(2)量筒:高约 45cm,直径约 6cm,容积 1000mL。刻度为 0～1000mL,分度值为 10mL。

(3)实验筛:可分为细筛和洗筛。

细筛:孔径 2mm、1mm、0.5mm、0.25mm、0.15mm。

洗筛:孔径 0.075mm。

(4)天平:称量 200g,分度值 0.01g。

(5)温度计:刻度 0～50℃,分度值 0.5℃。

(6)洗筛漏斗:直径略大于洗筛直径,使洗筛恰可套入漏斗中。

(7)搅拌器:轮径 50mm,孔径约 3mm,杆长约 400mm,带旋转叶。

(8)煮沸设备:电炉或电热板(附冷凝管)。

(9)其他:秒表、500mL 锥形瓶、研钵、木杵、电导率仪。

四、试剂

分散剂:浓度为 4％的六偏磷酸钠溶液。

水溶盐检验试剂:10％盐酸,5％氯化钡,10％硝酸,5％硝酸银。

五、实验步骤

(1)宜采用风干土试样,并应按下式计算试样干土质量为 30g 时所需的风干土质量

$$m_0 = m_d(1 + 0.01w_0) \tag{2-8}$$

式中:w_0——风干土含水率(％);

m_d——干土质量(g);

m_0——风干土质量(g)。

(2)试样中易溶盐含量大于总质量的 0.5％时,应洗盐。易溶盐含量检验可用电导法或目测法。

电导法应按电导率仪使用说明书操作,测定温度 T(℃)时试样溶液(土水比 1∶5)的电导率,20℃时的电导率应按下式计算

$$K_{20} = \frac{K_T}{1 + 0.02(T - 20)} \tag{2-9}$$

式中:K_{20}——20℃时悬液的电导率($\mu S/cm$);

K_T——T(℃)时悬液的电导率($\mu S/cm$);

T——测定时悬液的温度(℃)。

当 $K_{20} > 1000\mu S/cm$ 时,应洗盐。

目测法应取风干土试样 3g 于烧杯中,加适量纯水调成糊状研散,再加纯水 25mL 煮沸 10min 冷却后移入试管中,放置过夜,观察试管,当出现凝聚现象时应洗盐。

(3)洗盐步骤。将分析用的试样放入调土杯内,注入少量蒸馏水,拌和均匀。迅速倒入贴有滤纸的漏斗中,并注入蒸馏水冲洗过滤,附在调土杯上的土粒全部洗入漏斗。发现滤液浑浊时,应重新过滤。

应经常使漏斗内的液面保持高出土面约 5cm。每次加水后,应用表面皿盖住漏斗。

检查易溶盐清洗程度,可用 2 个试管各取刚滤下的滤液 3～5mL。一管加入 3～5 滴 10％盐酸和 5％氯化钡(在 100mL 的 10％盐酸溶液中溶解 5g 氯化钡);另一管加入 3～5 滴 10％硝酸和 5％硝酸银(在 100mL 的 10％硝酸溶液中溶解 5g 硝酸银)。当发现管中有白色沉淀时,表示试样中的易溶盐未洗净,应继续清洗,直至检查时试管中均不再发现白色沉淀为止。

洗盐后将漏斗中的土样仔细清洗,风干试样。

(4)称干质量为 30g 的风干试样倒入锥形瓶中,勿使土粒丢失。注入水 200mL,浸泡约 12h。

(5)将锥形瓶放在煮沸设备上煮沸,煮沸时间约为 1h。

(6)将冷却后的悬液倒入瓷杯中,静置约 1min,将上部悬液倒入量筒。杯底沉淀物用带橡皮头研杵,细心研散,加水,经搅拌后,静置约 1min,再将上部悬液倒入量筒(量筒放在固定平稳的地方,实验过程中不得移动)。如此反复操作,直至杯内悬液澄清为止。当土中粒径大于 0.075mm 的颗粒大致超过试样总质量的 15％时,应将其全部倒至 0.075mm 筛上冲洗,直至筛上仅留大于 0.075mm 的颗粒为止。

(7)将留在洗筛上的颗粒洗入蒸发皿内,倾去上部清水,烘干称量,按砂、砾土筛析法进行细筛筛析。

(8)将过筛悬液倒入量筒,加浓度为 4％的六偏磷酸钠(在 100mL 水中溶解 4g 六偏磷酸钠)约 10mL 于量筒溶液中,再注入纯水,使筒内悬液达 1000mL。当加入六偏磷酸钠后土样产生凝聚时,应选用其他分散剂。

(9)用搅拌器在量筒内沿整个悬液深度上下搅拌约 1min,往复各约 30 次,搅拌时勿使悬液溅出筒外,使悬液内土粒均匀分布。

(10)取出搅拌器,同时开动秒表。可测经 0.5min、1min、2min、5min、15min、30min、60min、120min、180min 和 1440min 时的密度计读数 R_1。

(11)每次读数均应在预定时间前 10～20s 将密度计小心地放入悬液接近读数的深度,并应将密度计浮泡保持在量筒中部位置,不得贴近筒壁。

(12)密度计读数均以弯液面上缘为准。甲种密度计应精确至 0.5,乙种密度计应精确至 0.000 2。每次读数完毕立即取出密度计放入盛有纯水的量筒中,并测定各相应的悬液温度,精确至 0.5℃。放入或取出密度计时,应尽量减少悬液的扰动。

(13)当试样在分析前未过 0.075mm 洗筛,在密度计第 1 次读数,发现下沉的土粒已超过试样总质量的 15％时,则应于实验结束后,将量筒中土粒过 0.075mm 筛,按步骤 7 的规定进行筛析,并应计算各级颗粒质量分数。

六、密度计校正

密度计在制造过程中,其浮泡体积及刻度往往不准确,且密度计的刻度是以 20℃温度下的纯水为标准的。当悬液中加入分散剂后,悬液的比重比原来增大,因此,密度计在使用前应对温度、分散剂、弯液面、比重和土粒沉降距离等的影响进行校正。

1.温度校正

密度计刻度是在 20℃时刻制的,但实验时的悬液温度不一定恰好等于 20℃,而水的密度变化及密度计浮泡体积的膨胀,会影响到密度计的准确读数,因此需要进行温度校正。密度计读数的温度校正值可从表 2-4 查得。

表 2-4　密度计温度校正值表

悬液温度/℃	甲种密度计 m_T	乙种密度计 m'_T	悬液温度/℃	甲种密度计 m_T	乙种密度计 m'_T
10.0	−2.0	−0.001 2	20.0	0.0	+0.000 0
10.5	−1.9	−0.001 2	20.5	+0.1	+0.000 1
11.0	−1.9	−0.001 2	21.0	+0.3	+0.000 2
11.5	−1.8	−0.001 1	21.5	+0.5	+0.000 3
12.0	−1.8	−0.001 1	22.0	+0.6	+0.000 4
12.5	−1.7	−0.001 0	22.5	+0.8	+0.000 5
13.0	−1.6	−0.001 0	23.0	+0.9	+0.000 6
13.5	−1.5	−0.000 9	23.5	+1.1	+0.000 7
14.0	−1.4	−0.000 9	24.0	+1.3	+0.000 8
14.5	−1.3	−0.000 8	24.5	+1.5	+0.000 9
15.0	−1.2	−0.000 8	25.0	+1.7	+0.001 0
15.5	−1.1	−0.000 7	25.5	+1.9	+0.001 1
16.0	−1.0	−0.000 6	26.0	+2.1	+0.001 3
16.5	−0.9	−0.000 6	26.5	+2.2	+0.001 4
17.0	−0.8	−0.000 5	27.0	+2.5	+0.001 5
17.5	−0.7	−0.000 4	27.5	+2.6	+0.001 6
18.0	−0.5	−0.000 3	28.0	+2.9	+0.001 8
18.5	−0.4	−0.000 3	28.5	+3.1	+0.001 9
19.0	−0.3	−0.000 2	29.0	+3.3	+0.002 1
19.5	−0.1	−0.000 1	29.5	+3.5	+0.002 2
20.0	−0.0	−0.000 0	30.0	+3.7	+0.002 3

2. 分散剂校正

为了使悬液充分分散会加入一定量的分散剂,这些分散剂会增加悬液的密度,故应减去这部分密度。具体方法是:将 1000mL 的纯水恒温至 20℃,先测出密度计在 20℃纯水中的读数,再加入实验时采用的分散剂,用搅拌器在量筒内沿整个深度上下搅拌均匀,使量筒内溶液达 1000mL,将密度计放入溶液中测记密度计读数,两者之差即为分散剂校正值 C_D。

3. 弯液面校正

密度计制造时其刻度是以弯液面的下缘为准,但密度计放入浑浊的悬液中就看不清底面的刻度了,所以实验时读数是读弯液面的上缘刻度,因此应对密度计刻度及弯液面进行校正。

具体方法是:将密度计放入 20℃ 纯水中,此时密度计中弯液面的上、下缘读数之差即为弯液面校正值 n_w。

4. 比重校正

密度计刻度是假定悬液内土粒比重为 2.65 时划分的,若实验时土粒比重不是 2.65,则必须加以校正。比重校正值 C_s 可以查表 2-5 确定,也可以根据式(2-10)和式(2-11)计算。

甲种密度计:

$$C_\mathrm{s} = \frac{\rho_\mathrm{s}}{\rho_\mathrm{s} - \rho_\mathrm{w20}} \cdot \frac{2.65 - \rho_\mathrm{w20}}{2.65} \qquad (2\text{-}10)$$

乙种密度计:

$$C'_\mathrm{s} = \frac{\rho_\mathrm{s}}{\rho_\mathrm{s} - \rho_\mathrm{w20}} \qquad (2\text{-}11)$$

式中:ρ_s——土粒密度($\mathrm{g/cm^3}$);

$\quad\ \rho_\mathrm{w20}$——20℃时水的密度($\mathrm{g/cm^3}$)。

表 2-5　土粒比重校正值

土粒比重	甲种密度计 C_s	乙种密度计 C'_s	土粒比重	甲种密度计 C_s	乙种密度计 C'_s
2.50	1.038	1.666	2.70	0.989	1.588
2.52	1.032	1.658	2.72	0.985	1.581
2.54	1.027	1.649	2.74	0.981	1.575
2.56	1.022	1.641	2.76	0.977	1.568
2.58	1.017	1.632	2.78	0.973	1.562
2.60	1.012	1.625	2.80	0.969	1.556
2.62	1.007	1.617	2.82	0.965	1.549
2.64	1.002	1.609	2.84	0.961	1.543
2.66	0.998	1.603	2.86	0.958	1.538
2.68	0.993	1.595	2.88	0.954	1.532

5. 土粒沉降距离校正

(1)测定密度计浮泡体积。在 250mL 量筒内倒入约 130mL 纯水,并保持水温为 20℃,以弯液面上缘为准,测记水面在量筒上的读数并画一标记,然后将密度计缓慢放入量筒中,使水面达密度计的最低刻度处(以弯液面上缘为准)时,测记水面在量筒上的读数并再画一标记,水面在量筒上的两个读数之差即为密度计的浮泡体积 V_b,读数精确至 1mL。

(2)测定密度计浮泡的中心。在测定密度计浮泡体积后,将密度计垂直向上缓慢提起,并使水面恰好落在两标记的中间,此时,水面与浮泡的相切处(以弯液面上缘为准),即为密度计浮泡的中心。将密度计固定在三脚架上,用直尺量出浮泡中心至密度计最低刻度的垂直距离 L_0。

(3)测定 1000mL 量筒的内径(精确至 1mm),并计算出量筒的截面积 A。

(4)量出密度计最低刻度至玻璃杆上各刻度的距离 L_1，每 5 格量距 1 次。

(5)按式(2-12)计算土粒的有效沉降距离：

$$L_t = L' - \frac{V_b}{2A} = L_1 + \left(L_0 - \frac{V_b}{2A}\right) \tag{2-12}$$

式中：L_t——土粒有效沉降距离(cm)；

　　L'——水面至密度计浮泡中心的距离(cm)；

　　L_1——最低刻度至玻璃杆上各刻度的距离(cm)；

　　L_0——密度计浮泡中心至最低刻度的距离(cm)；

　　V_b——密度计浮泡体积(cm³)；

　　A——1000mL 量筒的截面积(cm²)。

(6)用所量出的最低刻度至玻璃杆上各刻度的不同距离 L_1 代入上式，可计算出各相应的土粒有效沉降距离 L_t，并绘制密度计读数与土粒有效沉降距离的关系曲线，从而根据密度计的读数就可得出土粒的有效沉降距离。

土粒有效沉降距离的校正工作很繁重，密度计的生产厂商对此已进行校正并备有检定合格证，在使用前不需要进行校正，仅需按检测证书上的公式根据密度计读数计算即可。

七、数据记录

密度计法颗粒分析实验记录见表 2-6。

八、实验结果整理

1. 计算粒径 d

粒径 d 应按下式计算：

$$d = \sqrt{\frac{1800 \times 10^4 \eta}{(G_s - G_{wT})\rho_{w0} g} \cdot \frac{L_t}{t}} \tag{2-13}$$

式中：d——粒径(mm)；

　　η——水的动力黏滞系数(1×10^{-6} kPa·s)，可查表 2-7 确定；

　　G_s——土的比重；

　　G_{wT}——温度为 T(℃)时水的比重；

　　ρ_{w0}——4℃时水的密度(g/cm³)；

　　g——重力加速度(981cm/s²)；

　　L_t——某一时间 t 内的土粒沉降距离(cm)；

　　t——沉降时间(s)。

表 2-6 密度计法颗粒分析实验记录表

小于 0.075mm 颗粒土质量分数____%　　　干土总质量____g　　　风干土质量____g　　　土粒比重____

比重校正值 C_s____　　　弯液面校正值 n_w____

下沉时间 /min	悬液温度 /℃	密度计读数综合校正值 R_H				土粒比重		小于某粒径 的土质量分 数 / %	小于某孔径的 试样质量占试 样总质量的百 分数 X /%
		密度计读数 R_1	温度校正值 m_T	分散剂校正 值 C_D	密度计读数 $R_m = R_1 + m_T + n_w - C_D$	$R_H = R_m C_S$	土粒沉降 距离 L_t/cm	粒径 /mm	
0.5									
1									
2									
5									
15									
30									
60									
120									
180									
1440									

为了简化计算,式(2-13)也可写成:

$$d = K \sqrt{\frac{L_t}{t}} \tag{2-14}$$

式中,$K = \sqrt{\dfrac{1800 \times 10^4 \eta}{(G_s - G_{wT})\rho_{w0} g}}$,与悬液温度和土粒比重有关。其值可查表 2-8 确定。

表 2-7　水的动力黏滞系数表

$T/℃$	水的动力黏滞系数 $\eta/(10^{-6}\text{kPa}\cdot\text{s})$	$T/℃$	水的动力黏滞系数 $\eta/(10^{-6}\text{kPa}\cdot\text{s})$	$T/℃$	水的动力黏滞系数 $\eta/(10^{-6}\text{kPa}\cdot\text{s})$
5.0	1.516	13.5	1.188	22.0	0.963
5.5	1.493	14.0	1.175	22.5	0.952
6.0	1.470	14.5	1.160	23.0	0.941
6.5	1.449	15.0	1.144	24.0	0.919
7.0	1.428	15.5	1.130	25.0	0.899
7.5	1.407	16.0	1.115	26.0	0.879
8.0	1.387	16.5	1.101	27.0	0.859
8.5	1.367	17.0	1.088	28.0	0.841
9.0	1.347	17.5	1.074	29.0	0.823
9.5	1.328	18.0	1.061	30.0	0.806
10.0	1.310	18.5	1.048	31.0	0.789
10.5	1.292	19.0	1.035	32.0	0.773
11.0	1.274	19.5	1.022	33.0	0.757
11.5	1.256	20.0	1.010	34.0	0.742
12.0	1.239	20.5	0.998	35.0	0.727
12.5	1.223	21.0	0.986		
13.0	1.206	21.5	0.974		

表 2-8　粒径计算系数 K 值表

$T/℃$	土粒比重 G_s								
	2.45	2.50	2.55	2.60	2.65	2.70	2.75	2.80	2.85
5	0.138 5	0.136 0	0.133 9	0.131 8	0.129 8	0.127 9	0.129 1	0.124 3	0.122 6
6	0.136 5	0.134 2	0.132 0	0.129 9	0.128 0	0.126 1	0.124 3	0.122 5	0.120 8
7	0.134 4	0.132 1	0.130 0	0.128 0	0.126 0	0.124 1	0.122 4	0.120 6	0.118 9
8	0.132 4	0.130 2	0.128 1	0.126 0	0.124 1	0.122 3	0.120 5	0.118 8	0.118 2
9	0.130 5	0.128 3	0.126 2	0.124 2	0.122 4	0.120 5	0.118 7	0.117 1	0.116 4

续表 2-8

$T/℃$	土粒比重 G_s								
	2.45	2.50	2.55	2.60	2.65	2.70	2.75	2.80	2.85
10	0.128 8	0.126 7	0.124 7	0.122 7	0.120 8	0.118 9	0.117 3	0.115 6	0.114 1
11	0.127 0	0.124 9	0.122 9	0.120 9	0.119 0	0.117 3	0.115 6	0.114 0	0.112 4
12	0.125 3	0.123 2	0.121 2	0.119 3	0.117 5	0.115 7	0.114 0	0.112 4	0.110 9
13	0.123 5	0.121 4	0.119 5	0.117 5	0.115 8	0.114 1	0.112 4	0.110 9	0.109 4
14	0.122 1	0.120 0	0.118 0	0.116 2	0.114 9	0.112 7	0.111 1	0.109 5	0.108 0
15	0.120 5	0.118 4	0.116 5	0.114 8	0.113 0	0.111 3	0.109 6	0.108 1	0.106 7
16	0.118 9	0.116 9	0.115 0	0.113 2	0.111 5	0.108 9	0.108 3	0.106 7	0.105 3
17	0.117 3	0.115 4	0.113 5	0.111 8	0.110 0	0.108 5	0.106 9	0.104 7	0.103 9
18	0.115 9	0.114 0	0.112 1	0.110 3	0.108 6	0.107 1	0.105 5	0.104 0	0.102 6
19	0.114 5	0.112 5	0.110 8	0.109 0	0.107 3	0.105 8	0.103 1	0.108 8	0.101 4
20	0.113 0	0.111 1	0.109 3	0.107 5	0.105 9	0.104 3	0.102 9	0.101 4	0.100 0
21	0.111 8	0.109 9	0.108 1	0.106 4	0.104 3	0.103 3	0.101 8	0.100 3	0.099 0
22	0.110 3	0.108 5	0.106 7	0.105 0	0.103 5	0.101 9	0.100 4	0.099 0	0.097 67
23	0.109 1	0.107 2	0.105 5	0.103 8	0.102 3	0.100 7	0.099 30	0.097 93	0.096 59
24	0.107 8	0.106 1	0.104 4	0.102 8	0.101 2	0.099 70	0.098 23	0.096 00	0.095 55
25	0.106 5	0.104 7	0.103 1	0.101 4	0.099 90	0.098 39	0.097 01	0.095 66	0.094 34
26	0.105 4	0.103 5	0.101 9	0.100 3	0.098 97	0.097 31	0.095 92	0.094 55	0.093 27
27	0.104 1	0.102 4	0.100 7	0.099 15	0.097 67	0.096 23	0.094 82	0.093 49	0.092 25
28	0.103 2	0.101 4	0.099 75	0.098 18	0.096 70	0.095 29	0.093 91	0.092 57	0.091 32
29	0.101 9	0.100 2	0.098 59	0.097 06	0.095 55	0.094 13	0.092 79	0.091 44	0.090 28
30	0.100 8	0.099 1	0.097 52	0.095 97	0.094 50	0.093 11	0.091 76	0.090 50	0.089 27

2. 小于某粒径的试样质量占试样总质量百分数应按式(2-15)计算

(1)甲种密度计：

$$X = \frac{100}{m_d} C_s (R_1 + m_T + n_w - C_D) \qquad (2\text{-}15)$$

式中：X——小于某粒径的试样质量占试样总质量的百分数(%)；

m_d——试样干质量(g)；

C_s——土粒比重的校正值；

R_1——甲种密度计读数；

m_T——温度校正值；

n_w——弯液面校正值；

C_D——分散剂校正值。

（2）乙种密度计：

$$X = \frac{100V}{m_d} C'_S \left[(R_2 - 1) + m'_T + n'_w - C'_D \right] \rho_{w20} \qquad (2\text{-}16)$$

式中：V——悬液体积（mL）；

$\quad\quad C'_s$——土粒比重的校正值；

$\quad\quad R_2$——乙种密度计读数；

$\quad\quad m'_T$——温度校正值；

$\quad\quad n'_w$——弯液面校正值；

$\quad\quad C'_D$——分散剂校正值；

$\quad\quad$其他符号意义同前。

3. 制图

以小于某粒径的试样质量占试样总质量的百分数为纵坐标，以颗粒粒径为横坐标，在单对数坐标上绘制颗粒大小分布曲线，如图 2-6。

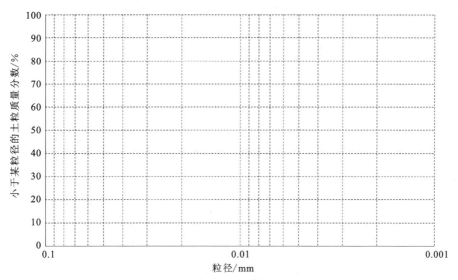

图 2-6　颗粒大小分布曲线图

第三章　土的物理性质指标实验

　　本实验的目的是测定土的天然密度 ρ、天然含水量 w 和土粒密度 ρ_s，换算土的孔隙比 e、孔隙度 n、饱和度 S_r、饱和密度 ρ_{sat}、浮重度 γ' 等物理性质指标，提供挡土墙土压力计算、土坡稳定性验算、地基承载力计算、沉降量估算和路基路面施工填土压实度控制等所需参数。

　　土的物理性质指标中，土的天然密度 ρ、天然含水量 w 和土粒密度 ρ_s（土的比重 G_s）可在实验室直接测定。其他各个指标可通过公式计算得出，换算指标计算公式见表 3-1。

表 3-1　土的物理性质指标间的基本换算公式

指标名称	换算公式	单位
干密度 ρ_d	$\rho_d = \dfrac{\rho}{1+w}$	g/cm³
孔隙比 e	$e = \dfrac{\rho_s(1+w)}{\rho} - 1$	—
孔隙度 n	$n = 1 - \dfrac{\rho}{\rho_{s(1+w)}}$	%
饱和密度 ρ_{sat}	$\rho_{sat} = \dfrac{G_s+e}{1+e}\rho_w$	g/cm³
饱和度 S_r	$S_r = \dfrac{wG_s}{e}$	%
浮重度 γ'	$\gamma' = \dfrac{(\rho_s - \rho_w) \cdot \rho}{\rho_s(1+w)} \cdot g$	kN/m²

第一节　密度实验

　　土的天然密度 ρ 是指土的总质量与总体积之比，即单位体积土的质量。

$$\rho = \frac{m}{V} \tag{3-1}$$

式中：m——土的总质量（g）；

　　　　V——土的总体积（cm³）。

　　土的天然密度实验在室内一般采用环刀法和蜡封法。环刀法操作简单且准确，在室内和野外均可采用，但环刀法只适用于测定不含砾石颗粒的细粒土密度，如天然状态下的红黏土、膨胀土、软土等。蜡封法适用于土中含有粗粒，或者易碎、难以用环刀切割的土，或者试样量少，只有小块、形状不规则的土样。

实验一 环刀法密度实验

一、实验目的

测定土的天然密度 ρ。

二、实验原理

环刀法测土的天然密度是用已知质量及容积的环刀,切取土样,使土样的体积与环刀容积一致,这样环刀的容积即为土的体积;称量后,减去环刀的质量就得到土的质量,土的质量除以土的体积即得到土的密度。

三、实验仪器

实验所用的主要仪器设备见图 3-1。
(1)环刀:内径 6.18cm,高 2cm,容积 $60cm^3$。
(2)天平:称量 500g,分度值 0.1g;称量 200g,分度值 0.01g。
(3)其他实验用品:游标卡尺、削土刀、钢丝锯、玻璃板及凡士林等。

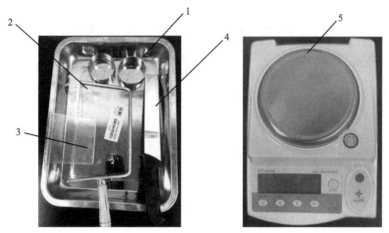

1.环刀;2.钢丝锯;3.玻璃板;4.削土刀;5.电子天平。

图 3-1 环刀法密度实验主要仪器设备

四、实验步骤

(1)用游标卡尺测量环刀的内径,计算环刀的容积 V(常用的环刀内径是 6.18cm,高度 2cm,体积约为 $60cm^3$)。

(2)称量空环刀质量 m_1。

(3)按工程需要取原状土试样或制备所需状态的扰动土试样,整平其两端。对于较软的土,宜先用钢丝锯将土样锯成几段。将环刀内壁涂一薄层凡士林,刃口向下放在试样上。

（4）用削土刀（较软的土用钢丝锯）将土样切削成略大于环刀直径的土柱。然后垂直向下轻压环刀,边压边用削土刀或钢丝锯向外侧倾斜切削环刀外侧的土,直至土样高出环刀为止。

（5）先削平环刀上端的余土,使土面与环刀边缘齐平,再置于玻璃板上。然后削环刀刃口一端的余土,使土面与环刀刃口面平齐。不得在试样表面反复压抹,若两面的土有少量剥落,可用切下的碎土轻轻补上。

（6）擦净环刀外壁,称量环刀和土样的质量之和 m_2,精确至 0.1g。

（7）为确保实验精度,本实验应进行两次平行测定,两次测定的差值应不大于 ± 0.03g/cm^3,实验结果取两次测值的算术平均值。

五、注意事项

（1）用环刀切取土样时,必须严格按实验步骤操作,不得急于求成,用力过猛或图省事不削成土柱,否则易使土样开裂扰动,结果事倍功半。

（2）修平环刀两端余土时,不得在试样表面反复压抹。对于较软的土,宜先用钢丝锯将土样锯成几段,然后用环刀切取。

六、实验记录

土的天然密度实验（环刀法）数据记录见表 3-2。

表 3-2　土的天然密度实验（环刀法）数据记录表

环刀编号	环刀质量 m_1/g	（环刀＋土质量） m_2/g	土质量 (m_2-m_1)/g	环刀体积 V/cm^3	天然密度 ρ/(g·cm^{-3})	平均天然密度 $\bar{\rho}$/(g·cm^{-3})
				60		
				60		

注:计算数据保留两位小数。

七、实验结果整理

（1）计算每个环刀土样的天然密度:

$$\rho = \frac{m_2 - m_1}{V} \tag{3-2}$$

式中:ρ——土的天然密度（g/cm^3）;

　　　m_2——环刀与土样质量之和（g）;

　　　m_1——环刀的质量（g）;

　　　V——土的体积（cm^3）。

（2）计算密度的平均值。

实验二　蜡封法密度实验

一、实验目的

测定土的天然密度 ρ。

二、实验原理

蜡封法密度实验是将一定质量的土块浸入融化的石蜡中,考虑土体浸水后崩解、吸水等问题,需在土体外涂一层蜡的外壳,保持其完整的外形。通过分别称量带蜡壳试样在空气中和水中的质量,计算带蜡壳试样在水中所受浮力。依据阿基米德原理,该浮力等于其排开同体积水的重量。计算带蜡壳土样体积、蜡壳体积和试样体积,即可求得土的天然密度 ρ。

适用于易破裂土和形状不规则坚硬土的天然密度测定。

三、实验仪器

(1)石蜡及熔蜡设备。

(2)浮称天平:称量 500g,分度值 0.1g;称量 200g,分度值 0.01g。

(3)其他实验用品:削土刀、烧杯、细线、温度计和针等。

四、实验步骤

(1)在原状土中切取或掰取约 30cm³ 的试样,削去松浮表土及尖锐棱角后,系于细线上称量质量 m_0,精确至 0.01g。

(2)用熔蜡加热器将石蜡溶解(石蜡在 $47\sim64℃$ 熔化),手持线将试样缓慢浸入刚过熔点的蜡溶液中,待全部沉浸后,立即将试样提出。检查涂在试样四周的蜡中有无气泡存在。当有气泡时,应用热针刺破,并用蜡液涂平孔口。冷却后称蜡封试样质量 m_n,精确至 0.01g。

(3)将蜡封试样用细线挂在浮称天平一端(图 3-2),当实验室没有浮称天平时,也可以用普通的电子天平称量。需要将蜡封试样用细线挂在支架上,然后将试样浸没在盛有纯水的烧杯中,称量其在纯水中的质量 m_{nw},精确至 0.01g。再测量纯水的温度。

(4)取出试样,擦干蜡表面上的水分,用天平称量蜡封试样质量,精确至 0.01g。当浸水后的试样质量增加时,应另取试样重做实验。

(5)为确保实验精度,本实验应进行两次平行测定,其最大允许平行差值应为 $\pm0.03g/cm^3$,实验结果取其算术平均值。

五、注意事项

(1)在封蜡时,应将土样徐徐浸入蜡液中,并立即提上,以免蜡膜产生气泡,并防止土样扰动。

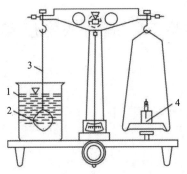

1.盛水杯;2.蜡封试样;3.细线;4.砝码。

图 3-2　浮称天平结构图

（2）称量蜡封试样在水中的质量时,应注意勿使蜡封试样与烧杯壁接触,同时应排除附在它周围的气泡。

（3）试样浸蜡时,蜡的温度应在熔点（60℃）附近,以蜡液达到熔点且不出现气泡为准,蜡液温度过高会影响试样含水率和结构。浸蜡速度应缓慢,一般采用一次徐徐浸蜡的方法。

（4）试样涂蜡完成后,应将涂蜡试样自然冷却至常温后再进行称量,不能将刚刚浸蜡后的试样立即放入冷水中冷却,以免试样表面因骤冷而产生裂纹。

六、实验记录

土的天然密度实验（蜡封法）数据记录见表 3-3。

表 3-3　土的天然密度实验（蜡封法）数据记录表

$\rho_n = 0.92 (g/cm^3)$									
试样质量 m_0/g	试样加蜡质量 m_n/g	试样加蜡在水中质量 m_{nw}/g	温度/℃	水的密度 $\rho_{wT}/$ $(g \cdot cm^{-3})$	试样加蜡体积/ (cm^3)	蜡体积/ (cm^3)	试样体积/ (cm^3)	土的天然密度 $\rho/$ $(g \cdot cm^{-3})$	土的平均天然密度 $\bar{\rho}/$ $(g \cdot cm^{-3})$

注:计算结果保留两位小数。

七、实验结果整理

（1）计算土的天然密度：

$$\rho = \frac{m_0}{\dfrac{m_n - m_{nw}}{\rho_{wT}} - \dfrac{m_n - m_0}{\rho_n}} \tag{3-3}$$

式中:m_0 ——试样质量（g）;

$\quad\ m_n$ ——试样加蜡质量（g）;

m_{nw}——试样加蜡在水中质量(g);

ρ_{wT}——纯水在 $T℃$ 时的密度(g/cm³),精确至 0.01g/cm³,可由表 3-4 查得;

ρ_n——蜡的密度(g/cm³),在 65℃ 时为 0.92g/cm³,精确至 0.01g/cm³。

(2)计算密度的平均值。

表 3-4　水在不同温度下的密度表

温度/℃	水的密度/ (g·cm⁻³)	温度/℃	水的密度/ (g·cm⁻³)	温度/℃	水的密度/ (g·cm⁻³)
4	1.000 0	15	0.999 1	26	0.996 8
5	1.000 0	16	0.998 9	27	0.996 5
6	0.999 9	17	0.998 8	28	0.996 2
7	0.999 9	18	0.998 6	29	0.995 9
8	0.999 9	19	0.998 4	30	0.995 7
9	0.999 8	20	0.998 2	31	0.995 3
10	0.999 7	21	0.998 0	32	0.995 0
11	0.999 6	22	0.997 8	33	0.994 7
12	0.999 5	23	0.997 5	34	0.994 4
13	0.999 4	24	0.997 3	35	0.994 0
14	0.999 2	25	0.997 0	36	0.993 7

第二节　含水率实验

含水率是指土中所含水分的质量与固体颗粒质量之比,以百分数表示,是土的一个重要湿度特性指标。

含水率实验以烘干法为室内实验的标准方法。在野外当无烘箱设备或要求快速测定含水率时,可用酒精燃烧法测定细粒土含水率。土的有机质含量不宜大于干土质量的 5%,当土中有机质含量为 5%～10% 时,允许采用烘干法,但应将烘干温度控制在 65～70℃ 的恒温下烘至恒量。

实验一　烘干法含水率实验

一、实验目的

测定土的含水率,用以计算土的孔隙比、液性指数、饱和度及其他物理性质指标,了解土的含水状况,评价土的强度和固结。

二、实验原理

含水率是指土中所含水的质量与干土质量的比值。湿土在105～110℃的温度下烘烤6～8h后,土中水分完全失去,所失水分质量与干土质量的比值,即为土的含水率,用百分数表示。

三、实验仪器

实验所用的主要仪器设备见图3-3。

(1)烘箱:可采用电热烘箱或温度能保持105～110℃的其他能源烘箱。

(2)电子天平:称量200g,分度值0.01g。

(3)电子台秤:称量5000g,分度值1g。

(4)其他:干燥器、铝盒。

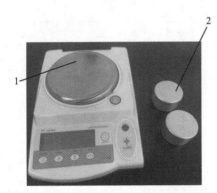

1.电子天平;2.铝盒;3.烘箱。

图3-3　烘干法含水率实验主要仪器设备

四、实验步骤

(1)将干净且烘干的铝盒放置于天平上称其质量m_0,精确到0.01g,记录铝盒编号和质量。

(2)取有代表性试样:细粒土15～30g,砂类土50～100g,砂砾石2～5kg。将试样放入铝盒内,立即盖好盒盖,称量其与土样的总质量m_1(细粒土、砂类土称量应精确至0.01g,砂砾石称量应精确至1g),在对应铝盒编号栏记录质量。

(3)揭开盒盖放置在铝盒底部,将试样和铝盒放入烘箱,在105～110℃下烘到恒量。对黏性土烘干时间不得少于8h;对砂类土烘干时间不得少于6h;对有机质含量为5%～10%的土,应将烘干温度控制在65～70℃的恒温下烘至恒量。

(4)将烘干后的试样和铝盒取出,盖好盒盖放入干燥器内冷却至室温,置于天平上称其质量m_2,在对应铝盒编号栏记录质量。

(5)依照上述步骤,每一个土样需做两次平行测定,实验结果取其算术平均值,最大允许平行差值应符合表3-5的规定。

表 3-5 含水率测定的最大允许平行差值

含水率/%	最大允许平行差值/%
<10	±0.5
10~40	±1.0
>40	±2.0

五、实验记录

土的天然含水率实验(烘干法)数据记录见表 3-6。

表 3-6 土的天然含水率实验(烘干法)数据记录表

盒号	盒质量 m_0/g	盒＋湿土质量 m_1/g	盒＋干土质量 m_2/g	土中水质量/g	干土质量/g	含水率 w/%	平均含水率 $\bar{w}$/%

注:计算数据保留一位小数。

六、实验结果整理

(1)计算每个铝盒内土样的含水率,按式(3-4)计算,精确至 0.1%。

$$w = \frac{m_1 - m_2}{m_2 - m_0} \times 100 \tag{3-4}$$

式中:w ——含水率(%);

m_0 ——空铝盒质量(g);

m_1 ——铝盒加湿土质量(g);

m_2 ——铝盒加干土质量(g)。

(2)计算含水率的平均值。

实验二 酒精燃烧法含水率实验

一、实验目的

测定土的含水率,用于计算土的孔隙比、液性指数、饱和度及其他物理性质指标,了解土的含水状况,评价土的强度和固结。

二、实验原理

在野外如无烘箱设备或要求快速测定含水率时,可采用酒精燃烧法测定细粒土的含水率。利用纯度不小于95％的酒精燃烧产生的热量吸收土中水分,反复燃烧几次,使土中水分基本失去,所失水分质量与干土质量的比值,即为土的含水率,用百分数表示。

三、实验仪器

(1)电子天平:称量200g,分度值0.01g;

(2)酒精:纯度不得小于95％;

(3)其他:称量盒、滴管、火柴、调土刀。

四、实验步骤

(1)将铝盒放置于天平上称其质量m_0,精确到0.01g。

(2)取有代表性试样:黏土5~10g,砂土20~30g。放入称量盒内,立即盖好盒盖,称量其与土样的总质量m_1(细粒土、砂类土称量应精确至0.01g,砂砾石称量应精确至1g)。

(3)用滴管将酒精注入放有试样的称量盒中,直至盒中出现自由液面为止。为使酒精在试样中充分混合均匀,可将盒底在桌面上轻轻敲击。

(4)点燃盒中酒精,烧至火焰熄灭。

(5)将试样冷却数分钟,按照步骤(2)、(3)的规定再重复燃烧两次。当第3次火焰熄灭后,立即盖好盒盖,称量盒与干土质量m_2。

(6)本实验称量应精确至0.01g。

(7)依照上述步骤,每一个土样需做两次平行测定,实验结果取其算术平均值。最大允许差值应符合表3-5的规定。

五、实验记录

土的天然含水率实验(酒精燃烧法)数据记录见表3-7。

表3-7　土的天然含水率实验(酒精燃烧法)记录表

盒号	盒质量 m_0/g	盒+湿土质量 m_1/g	盒+干土质量 m_2/g	水分质量/g	干土质量/g	含水率 w/％	平均含水率 $\bar{w}$/％

注:计算数据保留一位小数。

六、实验结果整理

(1)含水率应按式(3-5)计算,精确至0.1％。

$$w = \frac{m_1 - m_2}{m_2 - m_0} \times 100 \tag{3-5}$$

式中:w——含水率(％);

m_0——空铝盒质量(g)；

m_1——铝盒＋湿土质量(g)；

m_2——铝盒＋干土质量(g)。

(2)计算含水率的平均值。

第三节　比重(土粒密度)实验

土粒密度ρ_s是指固体颗粒的质量与其体积之比,即单位体积土粒的质量。

$$\rho_s = \frac{m_s}{v_s} \tag{3-6}$$

土粒比重G_s是土粒质量与同体积蒸馏水在4℃时的质量之比,即

$$G_s = \frac{m_s}{V_s(\rho_w^{4℃})} = \frac{\rho_s V_s}{V_s(\rho_w^{4℃})} = \frac{\rho_s}{\rho_w^{4℃}} \tag{3-7}$$

因为$\rho_w^{4℃}=1.0\mathrm{g/cm^3}$,所以土粒比重在数值上等于土粒密度,是无量纲数。

土粒密度大小决定于土粒的矿物成分,与土的孔隙大小和含水多少无关。黏性土的比重一般为2.70～2.75;砂土的比重为2.65左右。土中有机质含量增加时,土的比重减小。

土粒密度(土的比重)的测定,对于粒径小于5mm的土,应用比重瓶法;粒径不小于5mm的土,且其中粒径大于20mm的颗粒含量小于10%时,应用浮称法;粒径大于20mm的颗粒含量不小于10%时,应用虹吸筒法。当土中同时含有粒径小于5mm和不小于5mm的土粒时,粒径小于5mm部分用比重瓶法测定,粒径不小于5mm部分用浮称法或虹吸筒法测定,取其加权平均值作为土粒比重。

实验一　比重瓶法比重实验

一、实验目的

对粒径小于5mm的土,测定土的比重G_s(土粒密度ρ_s),用于换算孔隙比e、孔隙度n、饱和度S_r、饱和密度ρ_{sat}、浮重度γ'等其他物理性质指标,提供粒径小于0.075mm细粒土的颗粒分析实验所需参数。

二、实验原理

比重瓶法实验是将已知质量的干土放入盛满水的比重瓶,根据盛满水的比重瓶加土前后的质量差,即排开水的质量计算排开水的体积,根据阿基米德原理,土粒体积等于排开水体积,进而计算土粒密度和土粒比重。

三、实验设备

(1)比重瓶:容量100mL或50mL,见图3-4,分为长颈比重瓶和短颈比重瓶两种。

（2）天平：称量 200g，分度值 0.001g。

（3）恒温水槽：最大允许误差应为±1℃。

（4）砂浴：应能调节温度。

（5）真空抽气设备：真空度-98kPa。

（6）温度计：测量范围 0~50℃，分度值 0.5℃。

（7）筛：孔径 5mm。

（8）其他：烘箱、纯水、中性液体（如煤油）、漏斗、滴管、牛角勺、玻璃漏斗。

  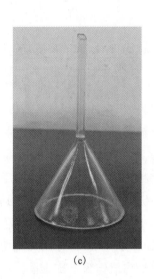

(a)   (b)   (c)

图 3-4 短颈比重瓶（a）、长颈比重瓶（b）和漏斗（c）

四、实验步骤

（1）校准比重瓶。新购比重瓶在实验前必须进行校正。使用过的比重瓶在一定时间内也应重新进行校正，一般每年校正一次。

将比重瓶洗净，烘干，称量两次，精确至 0.001g。取其算术平均值，其最大允许平均差值应为±0.002g。

将煮沸并冷却的纯水（或中性液体）注入比重瓶，对长颈比重瓶，达到刻度为止。对短颈比重瓶，注满水，塞紧瓶塞，多余水自瓶塞毛细管中溢出。移比重瓶入恒温水槽。待瓶内水温稳定后，将瓶取出，擦干外壁的水，称瓶、水总质量，精确至 0.001g。测两次，取其算术平均值，其最大允许平行差值应为±0.002g。

将恒温水槽水温以 5℃级差调节，逐级测定并记录不同温度下瓶和水的总质量，见表 3-8。

表 3-8　瓶和水校准记录表

温度/℃	比重瓶质量/g	比重瓶和水(中性液体)的总质量/g	比重瓶的平均质量/g	比重瓶和水(中性液体)的平均总质量/g

以瓶和水(中性液体)总质量为横坐标,温度为纵坐标,绘制瓶和水(中性液体)总质量与温度的关系曲线,如图 3-5 所示。

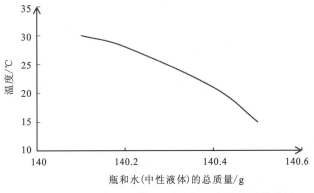

图 3-5　瓶和水(中性液体)总质量与温度的关系曲线图

(2)试样制备。将土样从土样筒中取出,并将土样切成碎块,拌和均匀。在 105~110℃温度下烘干,对有机质含量超过 5% 的土、含石膏和硫酸盐的土,应在 65~70℃温度下烘干。将烘干土样过 5mm 筛。

(3)将比重瓶烘干,称量比重瓶质量。

(4)用玻璃漏斗和牛角小勺将烘干土样装入比重瓶中,试样的用量应根据比重瓶的种类和大小适当选择,用量过少会降低测定精度,用量过多则难以排除气泡。当使用 100mL 比重瓶时,应称粒径小于 5mm 的烘干土 15g 装入;当使用 50mL 比重瓶时,应称粒径小于 5mm 的烘干土 12g 装入。

(5)为了排除土中的气体,常用煮沸法,该法简单易行,效果好。将纯水注入已装有干土的比重瓶中至一半处,摇动比重瓶,将瓶放在砂浴上煮沸,煮沸时间自悬液沸腾起,砂土不得少于 30min,细粒土不得少于 1h。煮沸时应注意不使土液溢出瓶外。对含有易溶盐、亲水性胶体或有机质的土,应用煤油等中性液体替代纯水测定。因为含易溶盐、亲水性胶体的土与水相互作用时,会使靠近土粒表面的水密度变大,使一定容积内的瓶、水、土总质量增大,比重值也相应增大。对含易溶盐的土,盐类部分或全部溶于水中,同样会使瓶、水、土总质量增大,也会使比重值增大。

(6)当使用中性液体测定时,煤油加热容易挥发;当土样为砂土时,在砂土煮沸的过程中砂粒容易跳出,这两种情况下宜采用真空抽气法排气。用真空抽气法排气时,首先把注入纯水的比重瓶塞去掉,放在真空干燥器内用真空泵抽气,抽气时真空表读数应接近1个大气压,抽气时间宜为1~2h,直至悬液内无气泡逸出时为止。

比重瓶法的测试精度与土粒的分散程度和排气程度密切相关,因此要求尽可能排除比重瓶内液体中的气泡,使液体充满瓶内空间。

(7)将煮沸经冷却的纯水(或中性液体)注入比重瓶,当采用长颈比重瓶时,注水至略低于瓶的刻度处;当采用短颈比重瓶时,应注水至近满,有恒温水槽时,可将比重瓶放于恒温水槽内,待瓶内悬液温度稳定及瓶上部悬液澄清。

(8)当采用长颈比重瓶时,用滴管注纯水调整液面恰至刻度处,以弯液面下缘为准,擦干瓶外及瓶内壁刻度以上部分的水,称瓶、水、土总质量 m_{bws};当采用短颈比重瓶时,塞好瓶塞,使多余水分自瓶塞毛细管中溢出,将瓶外水分擦干后,称瓶、水、土总质量 m_{bws}。称量后应测定瓶内水的温度。

(9)根据测得的温度,从已绘制的温度与瓶、水总质量关系图3-5中查得瓶和水总质量 m_{bw}。

(10)本实验称量应精确至0.001g,温度应精确至0.5℃。

(11)本实验应进行两次平行测定,其最大允许平行差值为±0.02,实验结果取其算术平均值。

五、实验记录

比重实验(比重瓶法)实验数据记录见表3-9。

表3-9 比重实验(比重瓶法)实验数据记录表

比重瓶号	温度/℃	水(中性液体)比重 G_{kT}	干土质量 m_d/g	比重瓶、水(中性液体)总质量 m_{bk}/g	比重瓶、水(中性液体)、土总质量 m_{bks}/g	与干土同体积的水(中性液体)质量/g	比重 G_s	平均比重 $\bar{G}_s$

注:计算数据保留两位小数。

六、实验结果整理

1. 计算土粒比重

土粒比重 G_s 应按下列公式计算。

(1)用纯水测定时:

$$G_s = \frac{m_d}{m_{bw} + m_d - m_{bws}} G_{wT} \tag{3-8}$$

式中: G_s——土粒比重;

m_d——干土质量(g)；

m_{bw}——比重瓶、纯水总质量(g)；

m_{bws}——比重瓶、纯水、干土总质量(g)；

G_{wT}——$T℃$时纯水的比重(可查物理手册)，精确至 0.001。

(2)用中性液体测定时：

$$G_s = \frac{m_d}{m_{bk} + m_d - m_{bks}} G_{kT} \tag{3-9}$$

式中：m_d——干土质量(g)；

m_{bk}——比重瓶、中性液体总质量(g)；

m_{bks}——比重瓶、中性液体、干土总质量(g)；

G_{kT}——$T℃$时中性液体的比重(实测得)，精确至 0.001。

2.计算平均土粒比重

实验二　浮称法比重实验

一、实验目的

对于粒径不小于 5mm，且其中粒径大于 20mm 的颗粒含量小于 10% 的土，测定土的比重 G_s(土粒密度 ρ_s)，用于换算孔隙比 e、孔隙度 n、饱和度 S_r、饱和密度 ρ_{sat}、浮重度 γ' 等其他物理性质指标。

二、实验原理

浮称法的基本原理是利用阿基米德原理，一定质量的土粒在水中失去的重量等于其排开同体积水的重量，计算排开水的体积，即土粒体积，从而计算出土粒比重。

三、实验仪器

(1)铁丝筐：孔径小于 5mm，直径为 10～15cm，高为 10～20cm。

(2)盛水容器：适合铁丝框沉入。

(3)浮称天平或秤：称量 2kg，分度值 0.2g；称量 10kg，分度值 1g。

(4)筛：孔径为 5mm、20mm。

(5)其他：烘箱、温度计。

四、实验步骤

(1)取粒径不小于 5mm，且其中粒径大于 20mm 的颗粒含量小于 10% 的代表性试样 500～1000g，当采用秤称时，称取 1～2kg。

(2)冲洗试样，直至颗粒表面无尘土或其他污物。

(3)将试样浸在水中 24h 后取出，将试样放在湿毛巾上擦干表面，即为饱和面干试样，称取饱和面干试样质量后,立即放入铁丝框,缓缓浸没于水中,并在水中摇晃;至无气泡逸出时为止。

(4)称铁丝筐和试样在水中的总质量(方法同图 3-2)。

(5)取出试样烘干、称量。

(6)称铁丝筐在水中的质量,并应测量容器内水的温度,精确至 0.5℃。

(7)本实验称量应精确至 0.2g。

(8)本实验应进行两次平行测定,两次测定最大允许差值应为 ±0.02,实验结果取其算术平均值。

五、实验记录

比重实验(浮称法)实验数据记录见表 3-10。

表 3-10 比重实验(浮称法)数据记录表

温度/℃	水的比重 G_{wT}	烘干土质量 m_d/g	铁丝筐加试样在水中质量 m_{ks}/g	铁丝筐在水中质量 m_k/g	试样在水中质量/g	比重 G_s	平均比重 $\bar{G}_s$

注:计算数据保留两位小数。

六、实验结果整理

(1)土粒比重应按下式计算:

$$G_s = \frac{m_d}{m_d - (m_{ks} - m_k)} G_{wT} \tag{3-10}$$

式中:m_{ks}——试样加铁丝筐在水中总质量(g);

m_k——铁丝筐在水中质量(g);

G_{wT}——T℃时纯水的比重(可查物理手册),精确至 0.001。

(2)干比重应按下式计算:

$$G_s' = \frac{m_d}{m_b - (m_{ks} - m_k)} G_{wT} \tag{3-11}$$

式中,m_b 为饱和面干试样质量(g)。

(3)吸着含水率应按下式计算:

$$w_{ab} = \left(\frac{m_b}{m_d} - 1\right) \times 100 \tag{3-12}$$

式中,w_{ab} 为吸着含水率(%),保留一位小数。

(4)当土中同时含有粒径小于 5mm 和不小于 5mm 的土粒时,土粒平均比重应按下式计算:

$$G_s = \cfrac{1}{\cfrac{P_5}{G_{s1}} + \cfrac{1-P_5}{G_{s2}}}$$ (3-13)

式中：P_5——粒径大于 5mm 的土粒质量与总质量的比值，以小数计；

　　　G_{s1}——粒径大于 5mm 的土粒的比重；

　　　G_{s2}——粒径小于 5mm 的土粒的比重。

实验三　虹吸筒法比重实验

一、实验目的

对粒径不小于 5mm，且其中粒径不小于 20mm 的颗粒含量大于 10％的土，测定土的比重 G_s（土粒密度 ρ_s），用于换算孔隙比 e、孔隙度 n、饱和度 S_r、饱和密度 ρ_{sat}、浮重度 γ' 等其他物理性质指标。

二、实验原理

虹吸筒法的基本原理是通过测量土粒排开水的体积，测出土粒的体积，从而计算土粒比重。虹吸筒法测定土粒比重的结果不稳定，因为对粗颗粒的体积测试不准，测得的比重值一般偏小。

三、实验仪器

(1)虹吸筒(图 3-6)。

(2)台秤：称量 10kg，分度值 1g。

(3)量筒：容量大于 2000mL。

(4)筛：孔径 5mm、20mm。

(5)其他：烘箱、温度计、搅拌棒。

四、实验步骤

(1)取粒径不小于 5mm，且其中粒径不小于 20mm 的颗粒含量大于 10％的代表性试样 1000～7000g。

(2)冲洗试样，直至颗粒表面无尘土和其他污物。

(3)再将试样浸在水中 24h 后取出，晾干(或用布擦干)其表面水分，称量。

(4)注清水入虹吸筒，至管口有水溢出时停止注水。待管口不再有水流出后，关闭管夹，将试样缓缓放入筒中，边放边使用搅拌棒搅拌，至无气泡逸出时为止，搅动时勿使水溅出筒外。

(5)待虹吸筒中水面平静后，开管夹，让试样排开的水通过虹吸管流入量筒中。

(6)称量筒与水总质量。测量筒内水的温度，精确至 0.5℃。

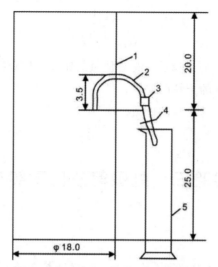

1.虹吸筒;2.虹吸管;3.橡皮管;4.管夹;5.量筒。

图 3-6　虹吸筒结构图(单位:cm)

(7)取出虹吸筒内试样,烘干、称量。

(8)本实验称量应精确至1g。

(9)本实验应进行两次平行测定,两次测定最大允许差值应为±0.02,实验结果取其算术平均值。

五、实验记录

虹吸筒法比重实验实验数据记录见表 3-11。

表 3-11　虹吸筒法比重实验数据记录表

温度/℃	水的比重 G_{wT}/g	烘干土质量 m_d/g	晾干土质量 m_{ad}/g	量筒质量 m_c/g	(量筒+排开水总质量) m_{cw}/g	排开水质量/g	吸着水质量/g	比重 G_s	平均比重 $\bar{G}_s$

注:计算数据保留两位小数。

六、实验结果整理

(1)计算土粒比重,应按式(3-14)计算:

$$G_s = \frac{m_d}{(m_{cw} - m_c) - (m_{ad} - m_d)} G_{wT} \qquad (3-14)$$

式中:m_{cw}——量筒加排开水总质量(g);

m_c——量筒质量(g);

m_{ad}——晾干土质量(g)。

（2）计算平均土粒比重值。

（3）当土中同时含有粒径小于 5mm 和不小于 5mm 的土粒时，土粒平均比重应按下式计算：

$$G_s = \frac{1}{\dfrac{P_5}{G_{s1}} + \dfrac{1-P_5}{G_{s2}}} \tag{3-15}$$

式中：P_5——粒径大于 5mm 的土粒质量与总质量的比值，以小数计；

G_{s1}——粒径大于 5mm 的土粒的比重；

G_{s2}——粒径小于 5mm 的土粒的比重。

第四章　界限含水率实验

黏性土的状态随着含水率的变化而变化,当含水率不同时,黏性土可分别处于固态、半固态、可塑状态及流动状态,黏性土从一种状态转到另一种状态的分界含水率称为界限含水率。土从流动状态转到可塑状态的界限含水率称为液限;土从可塑状态转到半固体状态的界限含水率称为塑限。

界限含水率的测定方法有液塑限联合测定法、碟式仪液限法、搓滚塑限法。液限的测定方法国际上通常采用碟式仪液限法;我国自 20 世纪 50 年代以来,一直采用手动圆锥仪测定土的液限,最新国家标准《土工试验方法标准》(GB/T 50213—2019)推荐采用液塑限联合测定法同时测定液限和塑限,其主要优点是易于掌握,用电磁落锥的方法可减少人为因素影响。塑限实验一直采用搓滚塑限法。

界限含水率实验要求土的颗粒粒径小于 0.5mm,且有机质含量不超过 5%,宜采用天然含水率的试样,也可采用风干试样,当试样含有粒径大于 0.5mm 的土粒或杂质时,应过 0.5mm 筛。

实验一　液塑限联合测定法

一、实验目的

测定黏性土的液限 w_L、塑限 w_P,计算黏性土的塑性指数 I_P 和液性指数 I_L,定土样名称,判断土的稠度状态。

二、实验原理

液塑限联合测定法是根据圆锥仪的圆锥入土深度与其相应土的含水率在双对数坐标系上具有线性关系的特性来测定的。利用圆锥质量为 76g 的液塑限联合测定仪测得土在不同含水率时的圆锥在自重作用下 5s 时的入土深度,在双对数坐标系绘制其关系直线图,在图中查得圆锥下沉深度为 17mm(或 10mm)时所对应的含水率为液限,查得圆锥下沉深度为 2mm 时所对应的含水率为塑限。

三、实验仪器

(1)光电式液塑限联合测定仪(图 4-1):包括带标尺的圆锥仪、电磁铁、显示屏、控制开关和试样杯。圆锥仪质量为 76g,锥角为 30°;读数显示器宜采用光电式、游标式或百分表式。

(2)试样杯:直径 40~50mm;高 30~40mm。

(3)天平:称量 200g,分度值 0.01g。

(4)筛:孔径 0.5mm。

(5)其他:烘箱、干燥缸、铝盒、调土刀、凡士林。

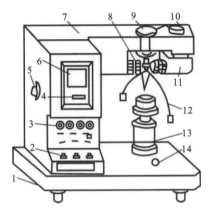

1.水平调节螺丝;2.控制开关;3.指示灯;4.零线调节螺丝;5.反光镜调节螺丝;
6.屏幕;7.机壳;8.物镜调节螺丝;9.电磁装置;10.光源调节螺丝;11.光源;
12.圆锥仪;13.升降台;14.水平泡。

图 4-1　光电式液塑限联合测定仪结构图及实物图

四、实验步骤

(1)液塑限联合测定法宜采用天然含水率的土样制备试样,也可用风干土制备试样。

(2)当采用天然含水率的土样时,应剔除粒径大于 0.5mm 的颗粒,将代表性土样分 3 份,再分别按含水率接近液限、塑限和二者的中间状态制备不同稠度的土膏,静置湿润。静置时间可视原含水率的大小而定。

(3)当采用风干土样时,取过 0.5mm 筛的代表性土样约 200g,分成 3 份,分别放入 3 个盛土皿中,加入不同数量的纯水,使其分别达到步骤 2 中所述的含水率,调成均匀土膏,放入密封的保湿缸中,静置 24h。

(4)将制备好的土膏用调土刀充分调拌均匀,密实地填入试样杯中,应使空气溢出。高出试样杯的余土用刮土刀刮平,将试样杯放在仪器底座上。

(5)取圆锥仪,在锥体上涂上薄层凡士林,接通电源,使电磁铁吸稳圆锥仪。

(6)调节屏幕准线,使初读数为零。调节升降台,使圆锥仪锥角接触试样面,指示灯亮时圆锥在自重下沉入试样内,经 5s 后测读圆锥下沉深度。然后取出试样杯,挖去锥尖入土处的润滑油脂,取锥体附近的试样不得少于 10g,放入称量盒内,称量,精确至 0.01g,测定含水率。

(7)将试样加水或风干调匀,重复步骤(4)、(5)、(6),测定其余两个试样的圆锥下沉深度 h 和对应的含水率 w。

五、实验记录

液塑限联合测定法实验数据记录见表 4-1。

表 4-1　液塑限联合测定法实验数据记录表

圆锥下沉深度/mm	盒号	盒质量/g	(盒＋湿土质量)/g	(盒＋干土质量)/g	水质量/g	干土质量/g	含水率/%

注:计算数据保留一位小数。

六、实验结果整理

(1)计算各试样的含水率。

(2)以含水率 w 为横坐标,圆锥下沉深度 h 为纵坐标,在双对数坐标纸上绘制关系曲线 (图 4-2)。三点连一直线(图 4-2 中 A 线)。当三点不在一直线上,通过高含水率的一点与其余两点连成两条直线,在圆锥下沉深度为 2mm 处查得相应的含水率,当两个含水率的差值小于 2% 时,以该两点含水率的平均值与高含水率的点连成一线(图 4-2 中 B 线)。当两个含水率的差值不小于 2% 时,应补做实验。

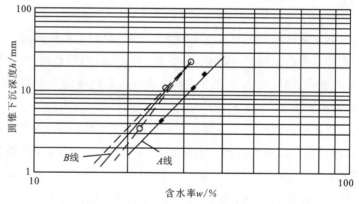

图 4-2　圆锥下沉深度与含水率关系图

(3)通过圆锥下沉深度与含水率关系图,查得下沉深度 17mm 对应的含水率为 17mm 液限 w_L,下沉深度 10mm 对应的含水率为 10mm 液限 w_L;查得下沉深度 2mm 对应的含水率为塑限 w_p,以百分数表示,精确至 0.1%。

当确定土的液限值用于了解土的物理性质及塑性图分类时,应取下沉深度为 17mm 时的含水率确定液限;当按国家标准《建筑地基基础设计规范》(GB 50007—2002)确定黏性土承载力标准值时,按下沉深度为 10mm 液限计算塑性指数和液性指数。

(4)计算塑性指数 I_P 和液性指数 I_L。

应按式(4-1)和(4-2)计算：

$$I_p = w_L - w_P \tag{4-1}$$

$$I_L = \frac{w_0 - w_P}{I_P} \tag{4-2}$$

式中：w_0——土的天然含水率(%)。

(5)定土名，按表 4-2 判断黏性土的稠度状态。

粉土：$I_p \leqslant 10$。

粉质黏土：$10 < I_p \leqslant 17$。

黏土：$I_p > 17$。

表 4-2　按液性指数划分黏性土的稠度状态

液性指数 I_L	$I_L \leqslant 0$	$0 < I_L \leqslant 0.25$	$0.25 < I_L \leqslant 0.75$	$0.75 < I_L \leqslant 1$	$I_L > 1$
稠度状态	坚硬	硬塑	可塑	软塑	流塑

注：液性指数和塑性指数的计算均采用圆锥入土深度为 10mm 对应的液限计算而得。

实验二　碟式仪液限法

一、实验目的

测定黏性土的液限 w_L，提供计算黏性土的塑性指数 I_P 和液性指数 I_L 所需参数，定出土样名称，判断土的稠度状态，并可以据此确定地基土的允许承载力。

二、实验原理

碟式仪液限实验是将土碟中的土膏用开槽器分成两半，以每秒 2 次的速率将土碟由 10mm 高度下落，当土碟下落击数为 25 次时，两半土膏在碟底的合拢长度恰好达到 13mm，此时试样的含水率即为液限。

三、实验仪器

(1)碟式仪(图 4-3)：主要由铜碟、支架、底座组成的机械设备，以及调整板、摇柄、偏心轮、开槽器等组成。底座应为硬橡胶制成，开槽器应具有特定的形状和尺寸，且带有量规，划刀尖端宽度为 2mm，如磨损应加以更换。碟式仪测定液限时，底座材料和划刀规格不同，所测得的液限值也是不同的，我国相关土工实验规范一般都建议使用美国 ASTMD423 所采用的碟式仪规格。

(2)天平：称量 200g，最小分度值 0.01g。

(3)标准筛：孔径为 0.5mm。

(4)其他：烘箱、干燥器、铝盒、调土刀、调土皿。

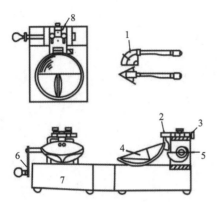

1.开槽器;2.销子;3.支架;4.土碟;5.蜗轮;6.摇柄;7.底座;8.调整板。

图 4-3　碟式仪结构图及实物图

四、实验步骤

（1）松开调整板的定位螺钉，将开槽器上的量规垫在铜碟与底座之间，用调整螺钉将铜碟底与底座之间的落高调整到 10mm。

（2）保持量规位置不变，迅速转动铜碟摇柄以检验调整是否正确。当涡轮碰击从动器时，铜碟不动，并能听到轻微的声音，表明调整正确。然后拧紧定位螺钉，固定调整板。

（3）取过 0.5mm 筛的土样（天然含水率的土样或风干土样均可）约 100g，放在调土皿中，按需要加纯水，用调土刀反复拌匀。

（4）取一部分试样，平铺于土碟的前半部，铺土时应防止试样中混入气泡。用调土刀将试样面修平，使最厚处为 10mm，多余试样放回调土皿中。以蜗轮为中心，用划刀从后至前沿土碟中央将试样划成槽缝清晰的两半（图 4-4），为避免槽缝边扯裂或试样在土碟中滑动，允许从前至后，再从后至前多划几次，将槽逐步加深，以代替一次划槽，最后一次从后至前的划槽能明显地接触碟底，但应尽量减少划槽的次数。

（5）以每秒 2 转的速率转动摇柄，使土碟反复起落，坠击于底座上，数记击数，直至试样两边在槽底的合拢长度为 13mm 为止（图 4-5），记录击数，并在槽的两边采取试样 10g 左右，测定其含水率。

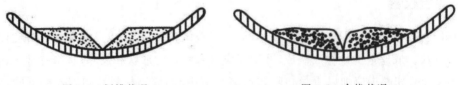

图 4-4　划槽状况　　　　　　　　　　　　图 4-5　合拢状况

（6）将土碟中的剩余试样移至调土皿中，再加水彻底拌和均匀，应按上述步骤（4）（5）至少再做两次实验。这两次土的稠度应使合拢长度为 13mm 时所需击数为 15～35 次，其中 25 次以上及以下各 1 次。然后测定各击次下试样的相应含水率。

五、实验记录

碟式仪液限法实验数据记录见表4-3。

表 4-3　碟式仪液限法实验数据记录表

击数 N/次	盒号	盒质量/g	(盒+湿土质量)/g	(盒+干土质量)/g	湿土质量 m_N/g	干土质量 m_d/g	含水率 w_N/%	液限 w_L/%

六、实验结果整理

(1)计算含水率。

各击次下合拢时试样的相应含水率应按下式计算：

$$w_N = \left(\frac{m_N}{m_d} - 1\right) \times 100 \tag{4-3}$$

式中：w_N——N 击下试样的含水率(%)；

　　　m_N——N 击下试样的质量(g)；

　　　m_d——干土质量(g)。

(2)根据实验结果,以含水率 w_N 为纵坐标,以击次 N 的对数为横坐标,在半对数坐标上绘制含水率-击数关系曲线(图4-6),查得曲线上击数 25 次所对应的含水率,即为该试样的液限 w_L。

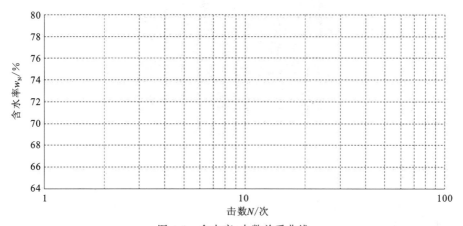

图 4-6　含水率-击数关系曲线

实验三　搓滚塑限法

一、实验目的

测定黏性土的塑限 w_P，提供计算黏性土的塑性指数 I_P 和液性指数 I_L 所需参数，定出土样名称，判断土的稠度状态，提供工程设计施工所需参数。

二、实验原理

搓滚塑限实验就是用手在毛玻璃板上搓滚土条至土条直径略大于 3mm 后，将土条放在双手掌心间搓滚，当土条直径达到 3mm 时产生裂缝并断裂，此时试样的含水率即为塑限。长期以来，国内外多采用搓滚塑限法测定塑限，但搓滚塑限实验方法受人为因素影响较大，实验结果的精度主要取决于操作者的经验和技巧，特别是对于低塑性土，往往得出偏大的结果，目前已可用液塑限联合测定法替代搓滚法。

三、实验仪器

(1)毛玻璃板：尺寸宜为 200mm×300mm，见图 4-7。

(2)卡尺：分度值 0.02mm。

(3)天平：称量 200g，分度值 0.01g。

(4)标准筛：孔径 0.5mm。

(5)其他：烘箱、干燥缸、铝盒。

图 4-7　毛玻璃板

四、实验步骤

(1)取过 0.5mm 筛的代表性试样约 100g，加纯水拌和，浸润静置过夜。

(2)将制备好的试样在手中捏揉至不沾手，捏扁，当出现裂缝时，表示含水量已经接近塑限。

(3)取接近塑限的试样一小块，先用手捏成手指大小的土团(椭圆形或球形)，然后放在毛玻璃板上用手掌轻轻搓滚。搓滚时手掌的压力均匀施加于土条上，不得使土条在毛玻璃板上无力滚动,在任何情况下不得有空心现象,土条长度不宜大于手掌宽度,在搓滚时不得从手掌下任一边脱出。

(4)当土条在毛玻璃板上搓至稍大于 3mm 时,将土条移至两手掌中间较平的地方搓滚,当土条搓至 3mm 直径时,若表面刚好产生连续横向裂缝,并开始断裂,此时试样的含水率即为塑限。当土条搓至 3mm 直径时,若仍未产生裂缝或断裂,此时试样的含水率高于塑限,则将其在手掌中间轻轻摩擦,不要用力搓滚,使土条不变细,但水分会减少,直至出现连续裂缝为止,此时试样的含水率即为塑限;如土条直径大于 3mm 时已开始断裂,此时试样的含水率低于塑限,应弃去此土样,重新取土加适量纯水调匀后再搓,直至合格。对于某些低液限粉质土,若土条在任何含水率下始终搓不到 3mm 即开始断裂,可认为塑性极低或无塑性,可按细砂处理。

(5)取直径符合 3mm 且有连续横向裂缝的土条 3～5g,放入称量盒内,随即盖紧盒盖,测定土条的含水率,此含水率即为塑限。

(6)依照上述步骤,每一个土样需做两次平行测定,最大允许平行差值应符合表 3-5 的规定,实验结果取其算术平均值。

五、实验记录

搓滚塑限法实验数据记录见表 4-5。

表 4-5　搓滚塑限法实验数据记录表

盒号	盒质量/g	(盒＋湿土质量)/g	(盒＋干土质量)/g	湿土质量 m_0/g	干土质量 m_d/g	含水率 w/%	塑限 w_p/%

六、实验结果整理

(1)计算含水率。

每个铝盒内试样的含水率应按下式计算,保留一位小数:

$$w = \frac{m_0 - m_d}{m_d} \times 100 \tag{4-4}$$

式中:m_0——湿土质量(g);

m_d——干土质量(g)。

(2)计算含水率的平均值即为塑限 w_p。

第五章　击实实验

一、实验目的

利用标准化的击实仪器和规定的标准方法,测定试样在一定击实次数下或某种压实功能下的含水率与干密度的关系,从而确定土的最优含水率和最大干密度,为工程设计施工提供土的压实参数,或为现场控制施工质量提供技术依据。

二、实验原理

击实实验是模拟施工现场压实条件,采用锤击方法使土体在瞬时冲击荷载重复作用下颗粒重新排列、密度增大、强度提高、沉降变小的一种实验方法。当松散湿土的含水率处于偏低状态时,由于粒间引力使土保持比较疏松的凝聚结构,土中孔隙大都相互联通,水少而气多,在一定的外部压实功能作用下,虽然土孔隙中气体易被排出,密度可以增大,但由于较薄的强结合水水膜润滑作用不明显以及外部功能不足以克服粒间引力,土粒相对移动不显著,压实效果较差;当含水率逐渐增加时,土粒表面的水膜变厚,粒间引力减弱,施加外部压实功能时则土粒移动的阻力也相应减小,加以水膜的润滑作用也增大,压实效果渐佳;在最优含水率附近时,土中所含的水量最有利于土粒受击时发生相对移动,以至能达到最大干密度;当含水率再增加到偏湿状态时,水分将占有原来颗粒的空间,把颗粒隔开,此时作用在土体上的锤击荷载更多地为孔隙水所承担,击实时不可能使土中多余的水和气体排出而使孔隙压力升高更为显著,从而使作用在土颗粒上的部分击实功减小,击实功效反而下降。

三、实验仪器

(1)击实仪:有轻型击实仪和重型击实仪两种,由击实筒(图 5-1)、击锤(图 5-2)和护筒组成,其尺寸应符合表 5-1 的规定。

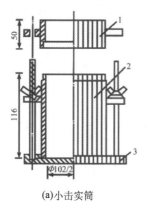
(a)小击实筒

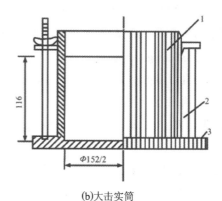
(b)大击实筒

1.护筒;2.击实筒;3.底板。

图 5-1　击实筒结构示意图(单位:mm)

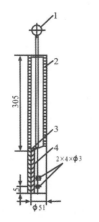

(a)2.5kg 击锤(落高 305mm)

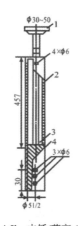
(b) 4.5kg 击锤(落高 457mm)

(c)击实仪

1.提手;2.导筒;3.硬橡皮垫;4.击锤。

图 5-2　击锤结构示意图及击实仪实物图(单位:mm)

表 5-1　击实仪主要技术指标

分类	锤底直径/mm	锤质量/kg	落高/mm	层数	每层击数	击实筒			护筒高度/mm
						内径/mm	筒高/mm	容积/cm³	
轻型	51	2.5	305	3	25	102	116	947.4	≥50
				3	56	152	116	2 103.9	≥50
重型		4.5	457	3	42	102	116	947.4	≥50
				3	94	152	116	2 103.9	≥50
				5	56				

（2）击实仪的击锤应配导筒，击锤与导筒间应有足够的间隙使锤能自由下落。电动操作的击锤必须有控制落距的跟踪装置和锤击点按一定角度均匀分布的装置。

（3）天平：称量200g，分度值0.01g。

（4）台秤：称量10kg，分度值1g。

（5）标准筛：孔径为20mm、5mm。

（6）试样推出器：宜用螺旋式千斤顶或液压式千斤顶，如无此类装置，也可用刮刀和修土刀从击实筒中取出试样。

（7）其他：烘箱、喷水设备、碾土设备、盛土盘、修土刀和保湿设备。

四、实验步骤

1.试样制备

试样制备可分为干法制备和湿法制备两种方法。

1）干法制备应按下列步骤进行

（1）用四分法取一定量的代表性风干试样，其中小击实筒所需土样约为20kg，大击实筒所需土样约为50kg，放在橡皮板上用木碾碾散，也可用碾土器碾散。

（2）轻型击实仪按要求过5mm或20mm筛，重型击实仪过20mm筛，将筛下土样拌匀，并测定土样的风干含水率；根据土的塑限预估最优含水率，加水湿润制备不少于5个不同含水率的一组试样，相邻2个试样含水率的差值宜为2%，且其中有2个含水率大于塑限，2个含水率小于塑限，1个含水率接近塑限，应使制备好的土样水分均匀分布。按式(1-1)计算制备试样所需的加水量。

（3）将一定量土样平铺于不吸水的盛土盘内，其中小击实筒所需击实土样约为2.5kg，大击实筒所取土样约为5.0kg，按预定含水率，用喷水设备往土样上均匀喷洒所需加水量，拌匀并装入塑料袋内或密封于盛土盘内静置备用。静置时间分别为：高液限黏土不得少于24h，低液限黏土可酌情缩短时间，但不应少于12h。

2）湿法制备应按下列步骤进行

（1）取天然含水率的代表性土样，其中小击实筒所需土样约为20kg，大击实筒所需土样约为50kg。放在橡皮板上用木碾碾散，也可用碾土器碾散。

（2）按要求过筛，轻型击实仪过5mm或20mm筛，重型击实仪过20mm筛，将筛下土样拌匀，并测定土样的天然含水率；根据土的塑限预估最优含水率，将天然含水率的土样风干或加水到所要求的含水率。制备不少于5个不同含水率的一组试样，相邻2个试样含水率的差值宜为2%，且其中有2个含水率大于塑限，2个含水率小于塑限，1个含水率接近塑限，应使制备好的土样水分均匀分布，并分别将制备好的各个土样装入塑料袋中静置24h。

2.试样击实

（1）将击实仪平稳置于刚性基础上，击实筒内壁和底板涂一薄层润滑油，连接好击实筒与底板，安装好护筒。检查仪器各部件及配套设备的性能是否正常，并做好记录。

（2）从制备好的一份试样中称取一定量土料，分3层或5层倒入击实筒内并将土面整平，分层击实。手工击实时，应保证使击锤自由铅直下落，锤击点必须均匀分布于土面上；机械击实时,可将定数器拨到所需的击数处,击数可按表 5-1 确定,按动电钮进行击实。击实后的每层试样高度应大致相等,两层交接面的土面应刨毛。击实完成后,超出击实筒顶的试样高度应小于 6mm。

(3)用修土刀沿护筒内壁削挖后,扭动并取下护筒,测出超高,应取多个测值平均,精确至 0.1mm。沿击实筒顶细心修平试样,拆除底板。试样底面超出筒外时,应修平。擦净筒外壁,称量,精确至 1g。

(4)用推土器从击实筒内推出试样,从试样中心处取 2 个一定量的土料,细粒土为 15～30g,含粗粒土为 50～100g。平行测定土的含水率,称量精确至 0.01g,两个含水率的最大允许差值应为 ±1%。

(5)同上步骤(1)～(4)规定对其他含水率的试样进行击实。

在击实实验过程中,土中的部分颗粒由于反复击实而破碎,会改变土的颗粒级配,同时试样被击实后要恢复到原来的松散状态比较困难,特别是高塑性黏土,再加水时更难以浸透,会影响实验结果,因此进行击实实验时,土样不宜重复使用。

五、实验记录

击实实验数据记录表见表 5-2、表 5-3。

表 5-2　击实实验数据记录表(一)

实验次数	盒号	(盒+湿土质量)/g	(盒+干土质量)/g	盒质量/g	湿土质量/g	干土质量/g	含水率/%	平均含水率/%
1								
2								
3								
4								
5								

表 5-3　击实实验数据记录表（二）

实验次数	(筒＋土质量)/g	筒质量/g	湿土质量/g	筒体积/cm³	湿密度/(g·cm⁻³)	含水率/%	干密度/(g·cm⁻³)
1							
2							
3							
4							
5							

六、实验结果整理

（1）击实后各试样的含水率应按下式计算：

$$w = \left(\frac{m_0}{m_d} - 1\right) \times 100 \tag{5-1}$$

式中：w——试样击实后含水率（%）；

$\quad m_0$——湿土质量（g）；

$\quad m_d$——干土质量（g）。

（2）击实后各试样的干密度应按下式计算，精确至 0.01g/cm^3：

$$\rho_d = \frac{\rho}{1 + 0.01w} \tag{5-2}$$

式中：ρ_d——试样击实后的干密度（g/cm³）；

$\quad \rho$——试样击实后的湿密度（g/cm³）；

$\quad w$——试样击实后的含水率（%）。

（3）土的饱和含水率应按下式计算：

$$w_{sat} = \left(\frac{\rho_w}{\rho_d} - \frac{1}{G_s}\right) \times 100 \tag{5-3}$$

式中：w_{sat}——饱和含水率（%）；

$\quad \rho_w$——水的密度（g/cm³）；

$\quad G_s$——土粒比重。

（4）以干密度为纵坐标，含水率为横坐标，绘制干密度与含水率的关系曲线（图 5-3）。曲线上峰值点的纵、横坐标分别代表土的最大干密度和最优含水率。曲线不能给出峰值点时，应进行补点实验。

（5）数个干密度下土的饱和含水率应按式（5-3）计算。以干密度为纵坐标，饱和含水率为横坐标，在同一坐标系绘制干密度与饱和含水率的关系曲线（图 5-3）。

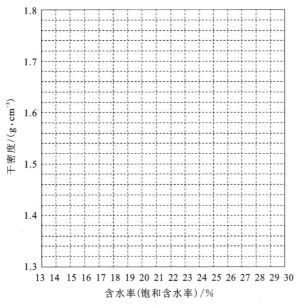

图 5-3　干密度-含水率(饱和含水率)关系曲线图

第六章　渗透实验

　　渗透实验是测定土的渗透性大小的实验,土的渗透性是指水在土的孔隙内发生流动的特性,反映土体渗透性大小的指标称为渗透系数。渗透系数的室内实验方法可分为常水头渗透实验和变水头渗透实验,应根据不同的土类选用不同的实验方法。常水头渗透实验主要适用于透水性较大的粗粒土渗透系数测定,变水头渗透实验主要适用于透水性较小的细粒土渗透系数测定。对于密实的黏性土,渗透系数一般很小,在水头差不大的情况下,通过土样的渗流十分缓慢且历时很长,可采用增加渗透压力的加荷渗透法测定土的渗透系数,以加快实验进程和测试精度。

实验一　常水头渗透实验

一、实验目的

测定粗粒土的渗透系数。

二、实验原理

常水头渗透实验装置如图 6-1 所示。在圆柱形实验筒内装置土样,土样的截面积为 A(即实验筒截面积),在整个实验过程中土样的压力水头保持不变。在土样中选择两点 a、b,距离为 l,分别在两点设置测压管。实验开始时,水自上而下流经土样,待渗流稳定后,测得在时间 t 内流过土样的总流量为 Q,同时读取 a、b 点测压管水头差为 ΔH。则由达西定律可得:

$$Q = qt = vAt = kiAt = k \frac{\Delta H}{l} At \tag{6-1}$$

由此可求得土样的渗透系数为:

$$k = \frac{Ql}{\Delta HAt} \tag{6-2}$$

三、实验仪器

(1)常水头渗透仪装置(70 型):封底圆筒的尺寸参数应符合现行国家标准《岩土工程仪器基本参数及通用技术条件》(GB/T 15406—2007)的规定;当使用其他尺寸的圆筒时,圆筒内径应大于试样最大粒径的 10 倍;玻璃测压管内径为 0.6cm,分度值为 0.1cm(图 6-2)。

(2)天平:称量 5000g,分度值 1.0g;

(3)温度计:分度值 0.5℃;

(4)其他:橡胶锤、秒表。

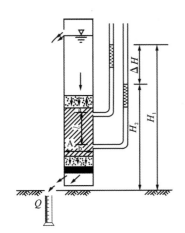

图 6-1　常水头渗透实验装置示意图

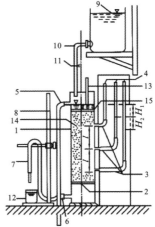

1.封底金属圆筒;2.金属孔板;3.测压孔;4.玻璃测压管;
5.溢水孔;6.渗水孔;7.调节管;8.滑动支架;9.供水瓶;
10.供水管;11.止水夹;12.容量为 500mL 的量筒;
13.温度计;14.试样;15.砾石层。

图 6-2　常水头渗透实验装置示意图(70 型)

四、实验步骤

(1)按图 6-2 将仪器装好,并检查各管路接头处是否漏水。将调节管与供水管连通,由仪器底部充水至水位略高于金属孔板,关止水夹。

(2)取具有代表性的风干试样 3～4kg,称量精确至 1.0g,并测定试样的风干含水率。

(3)将试样分层装入圆筒,每层厚 2～3cm,用橡胶锤轻轻击实到一定的厚度,以控制其孔隙比。试样含黏粒较多时,应在金属孔板上加铺厚约 2cm 的粗砂过渡层,防止实验时细粒流失,并量出过渡层厚度。

(4)每层试样装好后,连接供水管和调节管,并由调节管中进水,微开止水夹,使试样逐渐饱和。当水面与试样顶面齐平时,关止水夹。饱和时水流不应过急,以免冲动试样。

(5)按照步骤(1)～(4)的规定逐层装试样,至试样高出上测压孔 3～4cm 为止。在试样上端铺厚约 2cm 砾石作缓冲层。待最后一层试样饱和后,继续使水位缓缓上升至溢水孔。当有水溢出时,关止水夹。

(6)试样装好后量测试样顶部至仪器上口的剩余高度,计算试样净高。称剩余试样质量,精确至 1.0g,计算装入试样总质量。

(7)静置数分钟后,检查各测压管水位是否与溢水孔齐平。不齐平则说明试样中或测压管接头处有集气阻隔,用吸水球进行吸水排气处理。

(8)提高调节管,使其高于溢水孔,然后将调节管与供水管分开,并将供水管置于金属圆筒内。开止水夹,使水由上部注入金属圆筒内。

(9)降低调节管口,使其位于试样上部 1/3 高度处,造成水位差使水渗入试样,经调节管流出。在渗透过程中应调节供水管夹,使供水管流量略多于溢出水量。溢水孔应始终有余水溢出,以保持常水位。

(10)测压管水位稳定后,记录测压管水位,计算各测压管间的水位差。

(11)开动秒表,同时用量筒接取经一定时间的渗透水量,并重复 1 次。接取渗透水量时,调节管口不得浸入水中。

(12)测记进水与出水处的水温,取平均值。

(13)降低调节管管口至试样中部及下部 1/3 处,以改变水力坡降,按步骤(9)~(12)重复进行测定。

(14)根据需要,可装数个不同孔隙比的试样,进行渗透系数的测定。

五、实验记录

常水头渗透实验记录见表 6-1。

表 6-1　常水头渗透实验记录表(70 型)

试样高度 h/(cm)						干土质量 m_d/g				
试样面积 A/(cm²)						土粒比重 G_s				
测压孔间距 l/(cm)						孔隙比 e				
实验次数	经过时间 t/s	测压管水位/cm			水位差/cm			水力坡降 i	渗透水量 Q/cm³	渗透系数 k_T/(cm·s⁻¹)	平均水温 T/℃	校正系数 η_T/η_{20}	水温20℃时渗透系数 k_{20}/(cm·s⁻¹)	平均渗透系数 $\bar{k}_{20}$/(cm·s⁻¹)
		Ⅰ管	Ⅱ管	Ⅲ管	H_1	H_2	平均 H							

六、实验结果整理

(1)计算试样的干密度及孔隙比。

$$m_d = \frac{m}{1+0.01w} \tag{6-3}$$

$$\rho_d = \frac{m_d}{Ah} \tag{6-4}$$

$$e = \frac{G_s \rho_w}{\rho_d} - 1 \qquad (6\text{-}5)$$

式中：m_d——试样干质量(g)；

$\quad m$——风干试样总质量(g)；

$\quad w$——风干试样含水率(%)；

$\quad \rho_d$——试样干密度(g/cm^3)；

$\quad h$——试样高度(cm)；

$\quad A$——试样断面积(cm^2)；

$\quad e$——试样孔隙比；

$\quad G_s$——土粒比重。

（2）计算常水头渗透系数。

$$k_T = \frac{2Ql}{At(H_1 + H_2)} \qquad (6\text{-}6)$$

式中：k_T——水温 $T℃$时试样的渗透系数(cm/s)；

$\quad Q$——时间 t 秒内的渗透水量(cm^3)；

$\quad l$——渗径(cm)，等于两测压孔中心间的试样高度；

$\quad A$——试样的截面积(cm^2)；

$\quad t$——时间(s)；

$\quad H_1$、H_2——水位差(cm)。

（3）计算水温为 20℃时的渗透系数。

$$k_{20} = k_T \frac{\eta_T}{\eta_{20}} \qquad (6\text{-}7)$$

式中：k_{20}——标准温度(20℃)时试样的渗透系数(cm/s)；

$\quad \eta_T$——$T℃$时水的动力黏滞系数(1×10^{-6}kPa・s)，查表 2-7 确定；

$\quad \eta_{20}$——20℃时水的动力黏滞系数(1×10^{-6}kPa・s)，查表 2-7 确定。

（4）在计算所得到的渗透系数中，取 3～4 个在允许差值范围内的数据，并求其平均值作为试样在该孔隙比 e 下的渗透系数，渗透系数的允许差值不大于 2×10^{-n}cm/s。

（5）当进行不同孔隙比下的渗透实验时，可在半对数坐标上绘制以孔隙比为纵坐标，渗透系数的对数为横坐标的 e-k 关系曲线图。

实验二　变水头渗透实验

一、实验目的

测定细粒土的渗透系数。

二、实验原理

变水头渗透实验装置如图 6-3 所示。在实验筒内装置土样，土样的截面积为 A，高度为 l。

实验筒上设置储水管,储水管截面积为 a,在实验过程中储水管的水头不断减小。若实验开始时,储水管水头为 h_1,经过时间 t 后降为 h_2,令在时间 $\mathrm{d}t$ 内水头变化值为 $-\mathrm{d}h$,则在 $\mathrm{d}t$ 时间内通过土样的水流量为:

$$\mathrm{d}Q = -a \cdot \mathrm{d}h \tag{6-8}$$

$$\mathrm{d}Q = q\mathrm{d}t = vA\mathrm{d}t = kiA\mathrm{d}t = k\frac{h}{l}A\mathrm{d}t \tag{6-9}$$

$$-a \cdot \mathrm{d}h = k\frac{h}{l}A\mathrm{d}t \Rightarrow -\frac{\mathrm{d}h}{h} = \frac{kA}{al}\mathrm{d}t \tag{6-10}$$

$$\int_{h_1}^{h_2} \frac{\mathrm{d}h}{h} = \frac{kA}{al}\int_0^t \mathrm{d}t \tag{6-11}$$

积分后可求得渗透系数:

$$k = \frac{al}{At}\ln\frac{h_1}{h_2} = 2.3\frac{al}{At}\lg\frac{h_1}{h_2} \tag{6-12}$$

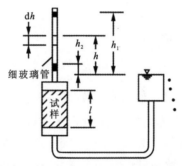

图 6-3　变水头渗透实验装置示意图

三、实验仪器

南 55 型变水头渗透实验装置(图 6-4),包括以下内容。

(1)渗透容器(图 6-5):由环刀、透水板、套筒、上下盖组成。

(2)水头装置:变水头管的内径,根据试样渗透系数选择不同尺寸,且不宜大于 1cm,长度为 1.0m 以上,分度值为 1.0mm。

(3)其他:秒表、温度计、削土刀、凡士林。

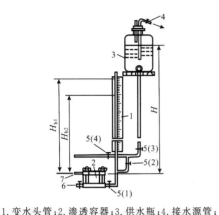

1.变水头管;2.渗透容器;3.供水瓶;4.接水源管;

5.进水管夹;6.排气管;7.出水管。

图6-4　南55型变水头渗透实验装置示意图

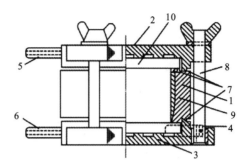

1.套筒;2.上盖;3.下盖;4.进水管;5.出水管;

6.排水管;7.橡皮圈;8.螺栓;9.环刀;10.透水板。

图6-5　渗透容器示意图

四、实验步骤

(1)用渗透实验专用环刀在垂直或平行土样层面切取原状土试样或扰动土制备成给定密度的试样,进行充分饱和,对不易透水的试样,需进行抽气饱和,具体方法详见第一章;对饱和试样和较易透水的试样,可直接用变水头装置的水头进行试样饱和。切土时应尽量避免结构扰动,不得用削土刀反复涂抹试样表面。

(2)在渗透容器底部依次放入浸润的透水石和滤纸,将渗透容器套筒内壁涂一薄层凡士林,把装有试样的环刀装入套筒内,然后在试样上部依次放置滤纸和透水石,安装好止水垫圈。把挤出的多余凡士林小心刮净,盖上顶盖,并用螺丝拧紧,保证容器不漏水、不漏气。试样与容器周围必须严格密封,特别注意不能允许水从环刀与土之间的缝隙中流过,否则会额外增加水流通道,从而使实验求得的渗透系数偏大。

(3)将实验所需水(最好用实际作用于土中的天然水)注入供水瓶中,把装好试样的渗透容器下盖的进水管与变水头装置连接,打开进水管夹5(2)和5(3),其他管夹均关闭,使供水瓶与变水头管连通,变水头管内注入一定高度的水,水头高度根据试样结构的疏松程度确定,水头高度应适当控制,水头过高有可能会冲毁土样,而水头过低则会使实验时间过长,造成土样的渗透系数由于渗透力的作用而发生改变,影响实验精度,水头高度不应大于2m(粉土可采用1m)。待水头稳定后,关闭进水管夹5(2)和5(3),将渗透容器侧立,排气管向上,打开排气管处的管夹和进水管夹5(1),使水注入渗透容器,排除渗透容器底部的空气,直至溢出水中无气泡。关排气管处的管夹,放平渗透容器。

(4)在一定水头作用下静置一段时间,待出水管口有水溢出时,再开始进行实验测定。

(5)关闭进水管夹5(1),打开进水管夹5(2)和5(3),将变水头管充水至需要高度后,关进水管夹5(2),使变水头管的零点对准上出水管口,开始测记变水头管中起始水头高度和起始时间,打开进水管夹5(1),按预定时间间隔测记水头和时间的变化,直至变水头管中的水位接近零点时终止,并测记出水口的水温。再使变水头管水位回升至需要高度,再连续测记数次,重复实验 5 次以上。

五、实验记录

变水头渗透实验数据记录见表 6-2。

表 6-2 变水头渗透实验数据记录表(南 55 型)

试样高度 h/cm										

试样高度 h/cm		干土质量 m_d/g	
试样截面积 A/cm²		土粒比重 G_s	
变水头管截面积 a/cm²		孔隙比 e	

开始时间 t_1/s	终了时间 t_2/s	经过时间 t/s	开始水头 H_{b1}/cm	终止水头 H_{b2}/cm	$2.3\dfrac{al}{At}$	$\lg\dfrac{H_{b1}}{H_{b2}}$	温度 $T℃$ 时的渗透系数 k_T/(cm·s⁻¹)	平均水温 T/℃	校正系数 $\dfrac{\eta_T}{\eta_{20}}$	水温 20℃ 时的渗透系数 k_{20}/(cm·s⁻¹)	平均渗透系数 $\overline{k}_{20}$/(cm·s⁻¹)

六、实验结果整理

(1)计算试样的干密度及孔隙比,计算公式见式(6-3)~式(6-5)。

(2)计算变水头渗透实验渗透系数

$$k_T = 2.3\,\frac{al}{At}\lg\frac{H_{b1}}{H_{b2}} \tag{6-13}$$

式中:k_T——水温为 $T℃$ 时土的渗透系数(cm/s),保留三位小数;

a——变水头管截面积(cm²);

l——渗径(cm),等于试样高度;

A——试样的截面积(cm²);

t——渗流经过时间(s);

H_{b1}——开始时水头(cm);

H_{b2}——终止时水头(cm)。

(3)计算水温为 20℃ 时的渗透系数,计算公式见式(6-7)。

（4）在计算所得到的渗透系数中，取 3～4 个在允许差值范围内的数据，并求其平均值，作为试样在该孔隙比 e 下的渗透系数，渗透系数的允许差值不大于 2×10^{-n}cm/s。

（5）当进行不同孔隙比下的渗透实验时，可在半对数坐标上绘制以孔隙比为纵坐标，渗透系数的对数为横坐标的 $e-k$ 关系曲线图。

第七章　固结实验

在外荷载作用下,土中水和气体逐渐排出,从而引起土体积减小而发生压缩,土的压缩主要是由于孔隙体积减少而引起的。随着孔隙水的排出,外荷载从孔隙水(气)转移到土骨架上,土的压缩变形随时间不断增长而渐趋稳定,这一变形过程称为固结。

根据工程需要,固结实验方法有快速固结实验、标准固结实验和应变控制连续加荷固结实验。本章介绍快速固结实验和标准固结实验。渗透性较大的细粒土,可进行快速固结实验。对于非饱和土,本实验只用于测定压缩性指标。需测定固结系数时,要采用饱和试样。

实验一　快速固结实验

标准固结实验需几天到十几天才能完成。研究表明,对 2cm 厚的一般黏性土试样,在荷重作用下,1h 的固结度一般可达 90%(以 24h 的固结度为 100% 计)。按 1h 稳定的速率进行实验,对实验结果的试样变形量进行校正,可得到与标准固结实验近似的结果,且节省时间,称为快速固结实验。

快速固结实验由于没有理论依据,只对透水性较大的地基或当建筑物对地基变形要求不高、不要求测定固结系数时,才能使用。

一、实验目的

快速固结实验的目的是得到土体压缩量、孔隙比与所受有效外力的关系,测定土的压缩系数、压缩模量,判断土的压缩性高低,研究土体的压缩性状,可作为工程设计计算的依据。

二、实验原理

固结实验是将原状土或扰动土制备成直径 61.8mm(或 79.8mm)、高 20mm 的环刀土样置于固结仪内,土样受到环刀和护环等刚性护臂的约束,在完全侧限条件下发生竖向压缩变形。实验时通过加荷装置将竖向压力均匀地施加到土样上,荷载逐级加上,每加一级荷载,等土样压缩变形稳定后,再施加下一级荷载。

设试样的初始高度为 h_0,初始孔隙比为 e_0,固结容器截面积为 A_0,当加压 p_1 后,土样的压缩量为 Δh_1,土样高度由 h_0 减至 $h_1 = h_0 - \Delta h_1$,相应的孔隙比由 e_0 减至 e_1,如图 7-1 所示。由于土样压缩时不可能发生侧向膨胀,故压缩前后土样的截面积 A_0 不变。压缩过程中土粒体积 V_s 也是不变的,即:

$$V_\mathrm{s} = \frac{A h_0}{1 + e_0} = \frac{A(h_0 - \Delta h_1)}{1 + e_1} \tag{7-1}$$

$$\frac{\Delta h_1}{h_0} = \frac{e_0 - e_1}{1 + e_0} \tag{7-2}$$

$$e_1 = e_0 - \frac{\Delta h_1}{h_0}(1 + e_0) \tag{7-3}$$

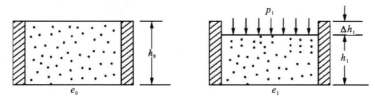

图 7-1　固结实验中土样孔隙比变化图

同理,可得每级压力下的稳定变形量 Δh_i,计算出与各级压力 p_i 对应的稳定孔隙比 e_i:

$$e_\mathrm{i} = e_0 - \frac{\Delta h_\mathrm{i}}{h_0}(1 + e_0) \tag{7-4}$$

根据式(7-4),只要测定土样在各级压力作用下变形稳定后的压缩量 Δh_i,就可算出相应的孔隙比 e_i,根据 p_i、e_i 绘制土的压缩曲线,求得土的压缩系数、压缩模量、压缩指数。

三、实验仪器

(1)固结容器:由环刀、护环、透水板、加压上盖和量表架等组成,如图 7-2 所示。

(2)加压设备:可采用量程为 5~10kN 的杠杆式、磅秤式或其他加压设备。

(3)变形量测设备:百分表量程 10mm,分度值为 0.01mm。

(4)其他:刮土刀、钢丝锯、天平、秒表。

四、实验步骤

(1)根据工程需要,切取原状土试样或制备给定密度与含水率的扰动土试样,具体方法详见第一章。对原状土试样不允许直接将环刀压入土样,应用钢丝锯(或薄口锐刀)按略大于环刀的尺寸沿土样外缘切削,待土样的直径接近环刀的内径时,再轻轻地压下环刀,边削边压;也不允许在削去环刀两端余土时,用刀来回涂抹土面,而致孔隙堵塞,最好用钢丝锯慢慢地一次性割去多余的土样。

(2)冲填土应先将土样调成 1 倍液限或 1.2~1.3 倍液限的土膏,拌和均匀,在保湿器内静置 24h。然后把环刀倒置于小玻璃板上用调土刀将土膏填入环刀,排除气泡刮平,称量。

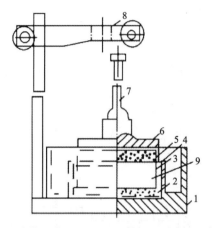

1.水槽;2.护环;3.环刀;4.导环;5.透水板;6.加压上盖;7.位移计导杆;8.位移计架;9.试样。

图 7-2　固结容器示意图及杠杆式固结仪实物图

（3）测定试样的含水率、密度和比重，具体方法见第三章。

（4）在固结容器内放置护环、透水板和薄滤纸，环刀刃口向下，将带有环刀的试样小心装入护环，然后在试样上放薄滤纸、透水板和加压盖板，置于加压框架下，对准加压框架的正中。

（5）如采用杠杆式固结仪，应拧动加压框架上螺丝调节杠杆平衡；如采用气压式压缩仪，可调节气压力，使之平衡。

（6）安装百分表。

（7）为保证试样与仪器上下各部件之间接触良好，应施加 1kPa 的预压压力，然后调整百分表读数为零。

（8）确定需要施加的各级压力。加压等级宜为 12.5kPa、25kPa、50kPa、100kPa、200kPa、300kPa、400kPa、800kPa、1600kPa、3200kPa。最后一级的压力应大于上覆土层的计算附加应力 100～200kPa。

（9）第 1 级压力的大小视土的软硬程度宜采用 12.5kPa、25kPa 或 50kPa（第一级施加压力应减去预压压力）。只需测定压缩系数时，最大压力不小于 400kPa。

（10）如果是饱和试样，则在施加第 1 级压力后，立即向水槽中注水至满。对非饱和试样，须用湿棉围住加压盖板四周，避免水分蒸发。

（11）每级荷载加载 1h 后读取量表读数，同时施加下一级荷载；最后一级荷载，需同时读取 1h 和变形稳定时（24h 或试样变形每小时变化不大于 0.005mm 时）的读数。

（12）实验结束后，迅速拆除仪器各部件，取出带环刀的试样。需测定实验后试样含水率时，则用干滤纸吸去试样两端表面上的水，测定其含水率。

（13）仪器变形量校正。考虑压缩仪器本身及滤纸变形所产生的变形影响，应做压缩量的校正。校正方法按下述步骤进行：将与试样相同大小的金属块代替土样放入容器中，然后与实验土样步骤一样，分别在金属块上加同等压力，加载相同的时间读取量表读数。按压缩实验步骤拆除仪器,重新安装,重复以上步骤再进行校正,取其平均值作为各级荷重下仪器的变形量,其平行差值不得超过 0.01mm。在生产实际中,对每个仪器都须在实验前做好变形校正曲线。

五、实验记录

含水量、密度、比重实验数据记录和实验结果整理详见第三章。

快速固结实验数据记录见表 7-1。教学实验每级荷载加载时间为 5min。

六、实验结果整理

1. 计算试样的初始孔隙比 e_0

$$e_0 = \frac{\rho_w \, G_s (1 + 0.01 \, w_0)}{\rho_0} - 1 \tag{7-5}$$

式中:ρ_w——水的密度(g/cm^3);

G_s——土的比重;

w_0——试样初始含水率,以百分数计;

ρ_0——试样初始密度(g/cm^3)。

2. 计算各级压力下试样校正后的总变形量

$$\sum \Delta h_i = (h_i)_t \frac{(h_n)_{tw}}{(h_n)_t} \tag{7-6}$$

式中:$\sum \Delta h_i$——某一压力下校正后的试样总变形量(mm);

$(h_i)_t$——校正前试样总变形量(mm);

$(h_n)_{tw}$——最后一级压力下达到稳定标准的总变形量减去该压力下的仪器变形量(mm);

$(h_n)_t$——最后一级压力下固结 1h 的总变形量减去该压力下的仪器变形量(mm)。

3. 计算各级压力下变形稳定后的孔隙比 e_i

$$e_i = e_0 - (1 + e_0) \frac{\sum \Delta h_i}{h_0} \tag{7-7}$$

式中:e_0——试样初始孔隙比;

h_0——试样初始高度(mm);

$\sum \Delta h_i$——某一压力下校正后的试样总变形量(mm)。

表 7-1　快速固结实验数据记录表

试样初始高度 $h_0 = 20\text{mm}$　　校正系数 $K = (h_n)_{tw} / (h_n)_t =$　　初始孔隙比 $e_0 =$

加压历时/h	压力 p/kPa	校正前总变形量/mm（量表上红色读数×0.01）	仪器变形量/mm	校正前试样总变形量 $(h_i)_t$/mm	校正后试样总变形量 $\sum \Delta h_i$/mm	孔隙比 e_i	压缩系数 a_v/Mpa^{-1}	压缩模量 E_s/Mpa
(1)	(2)	(3)	(4)	$(5)=(3)-(4)$	$(6)=K(5)$	$(7)=e_0 - \dfrac{(6)\times(1+e_0)}{h_0}$		
1	25							
1	50							
1	100							
1	200							
1	300							
1	400							
变形稳定	400							

4. 绘制孔隙比 e 与压力 p 的关系曲线(见图 7-3)

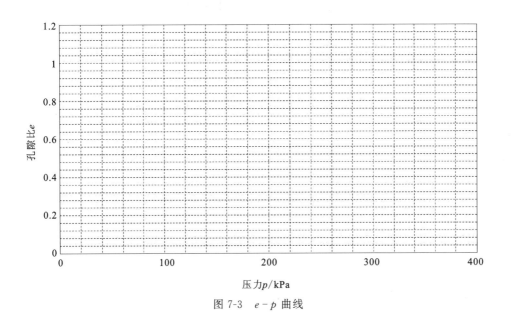

图 7-3　e-p 曲线

5. 计算某一压力范围内的压缩系数a_v

$$a_v = \frac{e_i - e_{i+1}}{p_{i+1} - p_i} \times 10^3 \qquad (7\text{-}8)$$

式中:a_v——压缩系数(MPa^{-1});

$\quad p_i$——某一级压力值(kPa);

$\quad e_i$——某一级压力作用下试样变形稳定时的孔隙比。

6. 计算某一压力范围内的压缩模量E_s

$$E_s = \frac{1 + e_0}{a_v} \qquad (7\text{-}9)$$

式中:E_s——压缩模量(MPa);

$\quad e_0$——试样初始孔隙比;

$\quad a_v$——压缩系数(MPa^{-1})。

7. 根据 a_{1-2} 的值判断土的压缩性

国家标准《建筑地基基础设计规范》(GB 50007—2011)规定,可按 $p_1 = 100\text{kPa}$,$p_2 = 200\text{kPa}$ 时相应的压缩系数 a_{1-2} 判断地基土的压缩性:当 $a_{1-2} < 0.1\text{MPa}^{-1}$ 时,为低压缩性土;当 $0.1\text{MPa}^{-1} \leqslant a_{1-2} < 0.5\text{MPa}^{-1}$ 时,为中等压缩性土;当 $a_{1-2} \geqslant 0.5\text{MPa}^{-1}$ 时,为高压缩性土。

实验二 标准固结实验

一、实验目的

标准固结实验的目的是测定土的压缩系数、压缩模量、压缩指数、固结系数、前期固结压力等压缩性指标,判断土的压缩性高低,为地基土的沉降量和工程设计计算提供依据。

二、实验原理

实验原理同快速固结实验,除能求得土的压缩系数、压缩模量、压缩指数外,还能求得原状土的前期固结压力及固结系数。

三、实验仪器

同快速固结实验。

四、实验步骤

步骤(1)~(6)同快速固结实验。

(7)需要确定原状土的先期固结压力时,加压率宜小于1,可采用0.5或0.25。最后一级压力应使 e-$\lg p$ 曲线下段出现较长的直线段。

步骤(8)~(9)同快速固结实验。

(10)需测定沉降速率时,加压后宜按下列时间顺序测记量表读数:6s、15s、1min、2min15s、4min、6min15s、9min、12min15s、16min、20min15s、25min、30min15s、36min、42min15s、49min、64min、100min、200min、400min、23h、24h,至稳定为止。

(11)当不需要测定沉降速率时,稳定标准规定为每级压力下固结24h或试样变形每小时变化不大于0.005mm。测记稳定读数后,再施加第2级压力。依次逐级加压至实验结束。

(12)需要做回弹实验时,可在某级压力下固结稳定后卸压,直至卸至第1级压力。每次卸压后的回弹稳定标准与加压相同,并测记每级压力及最后一级压力时的回弹量。

(13)需要做次固结沉降实验时,可在主固结实验结束后继续实验至固结稳定为止。

步骤(14)~(15)同快速固结实验的步骤(12)~(13)。

五、实验记录

含水量、密度、比重实验数据记录详见第三章。

标准固结实验数据记录见表7-2、表7-3。

表 7-2 标准固结实验数据记录表(一)

经过时间	试样在不同上覆压力下变形							
	( )kPa		( )kPa		( )kPa		( )kPa	
	时间	量表读数/0.01mm	时间	量表读数/0.01mm	时间	量表读数/0.01mm	时间	量表读数/0.01mm
0								
6s								
15s								
1min								
2min15s								
4min								
6min15s								
9min								
12min15s								
16min								
20min15s								
25min								
30min15s								
36min								
42min15s								
49min								
64min								
100min								
200min								
400min								
23h								
24h								
总变形量/mm								
仪器变形量/mm								
试样总变形量/mm								

表 7-3　标准固结实验数据记录表（二）

试样初始高度 $h_0=20\text{mm}$　　　　试样初始孔隙比 $e_0=$

加压历时/h	压力 p/kPa	试样总变形量 $\sum \Delta h_i$/mm	压缩后试样高度 h_i/mm	孔隙比 e_i	压缩模量 E_s/Mpa	压缩系数 a_v/Mpa^{-1}	排水距离 $\bar{h}$/cm	固结系数 C_v/cm$^2 \cdot$s^{-1}
(1)	(2)	(3)	$(4)=h_0-(3)$	$(5)=e_0-\dfrac{(3)(1+e_0)}{h_0}$	(6)	(7)	$(8)=\dfrac{h_i+h_{i+1}}{4}$	(9)
0								
24								
24								
24								
24								
24								
24								
24								
24								
24								
24								

六、实验结果整理

1. 计算试样的初始孔隙比 e_0

按式(7-5)计算。

2. 计算试样在某一荷重下压缩变形稳定后的总变形量 $\sum \Delta h_i$

试样在某一荷重下压缩变形稳定后的总变形量 $\sum \Delta h_i$ 为该荷重下测微表读数减去仪器变形量。

3. 计算各级压力下固结稳定后的孔隙比 e_i

按式(7-7)计算。

4. 绘制孔隙比 e 与压力 p 的关系曲线

以孔隙比 e 为纵坐标,压力 p 为横坐标,绘制 $e-p$ 曲线,见图7-3。

5. 绘制 $e-\lg p$ 曲线

以孔隙比 e 为纵坐标,压力 $\lg p$ 为横坐标,绘制 $e-\lg p$ 曲线,见图7-4。

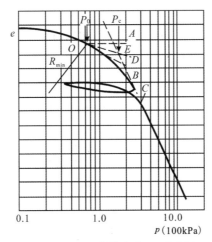

图7-4　$e-\lg p$ 曲线和求 P_c 示意图

6. 计算某一压力范围内的压缩系数 a_v

按式(7-8)计算。

7. 计算某一压力范围内的压缩模量 E_s

按式(7-9)计算。

8. 计算某一压力范围内的体积压缩系数 m_v

$$m_v = \frac{1}{E_s} = \frac{a_v}{1+e_0} \tag{7-10}$$

9. 计算压缩指数 C_c 和回弹指数 C_s

C_c 为 $e-\lg p$ 曲线直线段的斜率,回弹指数 C_s 为回弹支上的平均斜率。应按下式计算

$$C_c \text{ 或} C_s = \frac{e_i - e_{i+1}}{\lg p_{i+1} - \lg p_i} \tag{7-11}$$

式中:C_c——压缩指数;

C_s——回弹指数。

10. 确定前期固结压力 p_c

在 $e-\lg p$ 曲线(图 7-4)上,找出具有最小曲率半径 R_{min} 的点 O。过点 O 作水平线 OA、$e-\lg p$ 曲线的切线 OB 及 $\angle AOB$ 的平分线 OD,OD 与曲线的直线段 C 的延长线交于点 E,对应于点 E 的压力值即为该原状土的前期固结压力 p_c。

11. 计算固结系数 C_v

(1)时间平方根法:对于某一压力,以量表读数 d(mm)为纵坐标,时间平方根 $\sqrt{t}$ (min)为横坐标,绘制 $d-\sqrt{t}$ 曲线(如图 7-5)。延长 $d-\sqrt{t}$ 曲线开始段的直线,与纵坐标轴交于 d_s(d_s 称理论零点)。过 d_s 绘制另一直线,令其另一端的横坐标为前一直线横坐标的 1.15 倍,则后一直线与 $d-\sqrt{t}$ 曲线交点所对应的时间的平方根即为试样固结度达 90% 所需的时间 t_{90} 的平方根,该压力下的固结系数应按下式计算

$$C_v = \frac{0.848\bar{h}^2}{t_{90}} \tag{7-12}$$

式中:C_v——固结系数(cm²/s);

　　　$\bar{h}$——最大排水距离,等于某一压力下试样初始与终了高度平均值的一半(cm);

　　　t_{90}——固结度达 90% 所需的时间。

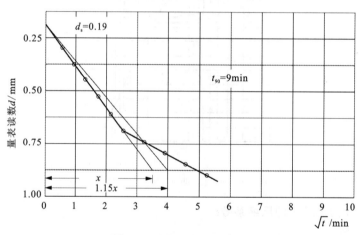

图 7-5　时间平方根法求 t_{90}

(2)时间对数法:对于某一压力,以量表读数 d(mm)为纵坐标,以时间对数 $\lg t$(min)为横坐标,绘制 $d-\lg t$ 曲线(图 7-6)。延长 $d-\lg t$ 曲线的开始线段,选任一时间 t_1,相对应的量表读数为 d_1,再取时间 $t_2 = \dfrac{t_1}{4}$,与其相对应的读数为 d_2,则 $2d_2-d_1$ 之值为 d_{01}。如此再选取另一时间,依同法取得 d_{02}、d_{03}、d_{04} 等,取其平均值即为理论零点 d_0。延长 $d-\lg p$ 曲线中部的直线段和通过曲线尾部数点切线的交点即为理论终点 d_{100},则 $d_{50} = \dfrac{d_0+d_{100}}{2}$。对应于 d_{50} 的时间即为固结度达 50% 所需的时间 t_{50}。该压力下的固结系数 C_v 应按下式计算

$$C_v = \frac{0.197\bar{h}^2}{t_{50}} \tag{7-13}$$

式中：t_{50} ——固结度达 50％所需的时间（s）。

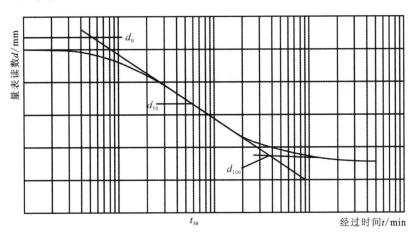

图 7-6　时间对数法求 t_{50} 示意图

第八章　土的抗剪强度实验

黏聚力 c 和内摩擦角 φ 称为土的抗剪强度指标,其值可通过剪切实验测定,按仪器工作原理主要有两大类室内实验方法:一类是通过向试样固定的剪切面施加垂直应力和水平剪应力,直接对试样剪破,即直接剪切实验;另一类是根据轴向压缩或拉伸原理使土样在二向或三向不同主应力作用下承受偏应力而剪破,包括三轴压缩实验和无侧限抗压强度实验。

实验一　直接剪切实验

直接剪切实验是直接对试样进行剪切的实验,简称直剪实验,是测定土的抗剪强度的一种常用方法。它具有仪器设备简单、操作方便等优点;缺点是不能有效控制排水条件、剪切破坏面人为限定、土样上的剪应力沿剪切面分布不均匀、在实验过程中剪切面积发生变化等。

直剪实验根据排水条件和剪切速率的不同可分为快剪、固结快剪和慢剪三种实验,直剪实验受仪器结构限制,无法控制排水条件,仅以剪切速率的快慢来控制试样的排水条件。

(1)快剪实验:在试样上施加垂直荷载后,立即以很快的速度施加水平剪力。在整个实验过程中,不允许试样的原始含水率有所改变(试样两端覆盖隔水蜡纸),在实验过程中孔隙水压力保持不变(3~5min 内剪坏)。

(2)固结快剪实验:在试样上施加垂直荷载后,使土样充分排水固结(试样两端覆盖滤纸),在土样达到完全固结后,以很快的速度施加水平剪力,在剪切过程中不允许排水(3~5min 内剪坏)。

(3)慢剪实验:在试样上施加垂直荷载后,使土样充分排水固结(试样两端覆盖滤纸),在土样达到完全固结后,再以较慢的速度施加水平剪力;每加一次水平剪力后,均需经过一段时间,待土样因剪切引起的孔隙水压力完全消散后,再继续施加下一次水平剪力。

一、实验目的

测定土的抗剪强度指标黏聚力 c 和内摩擦角 φ。

二、实验原理

直剪实验是测定土的抗剪强度的一种常用方法,图 8-1 是直剪仪剪切盒简图。仪器由固定的上盒和可移动的下盒组成。截面积为 A 的土样置于上、下剪切盒内,实验时,首先对试样施加竖向压力 P,然后再施加水平力 T 于下盒,试样在上、下盒间土的水平接触面产生剪切位

移 ΔL ,逐步增加剪切面上的剪应力 $\tau = T/A$,直至试样破坏。分别对 4 个相同的土样施加不同的竖向压力,使其发生剪切破坏,将实验结果绘制 4 组剪应力 τ 和剪切位移 ΔL 的关系曲线,每条曲线的峰值为该级竖向力作用下所能承受的最大剪力,即相应的抗剪强度 τ_f ,根据库伦定律绘制抗剪强度 τ_f 和法向应力 σ 的关系曲线。

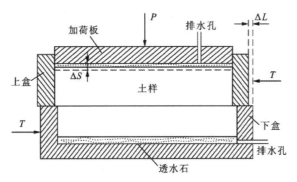

图 8-1 直剪仪剪切盒简图

三、实验仪器

(1)应变控制式直剪仪(图 8-2):包括剪切盒(上剪切盒、下剪切盒),垂直加压框架,测力计及推动机构等。

剪切盒:分上、下两盒,上盒一端顶在量力环的一端,下盒底部放在两轨道的滚珠上,可以左右移动。

垂直加压框架:配合一定重量砝码施加垂直荷载。

测力计:通过旋转手轮,推进螺杆移动下剪切盒施加水平剪力,由测力计变形间接求出水平剪力的大小。

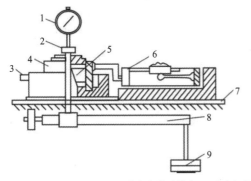

1.垂直变形百分表;2.垂直加压框架;3.推动座;4.剪切盒;
5.试样;6.测力计;7.台板;8.杠杆;9.砝码。

图 8-2 应变控制式直剪仪结构示意图和实物图

(2)位移传感器或位移计:量程 5~10mm,分度值 0.01mm。

(3)天平:称量 500g,分度值 0.1g。

(4)环刀:内径 6.18cm,高 2cm。

(5)其他:饱和器、削土刀或钢丝锯、秒表、滤纸、透水石和直尺。

四、实验前的检查和准备

1.仪器性能检查

(1)检查竖向和横向传力杠杆是否水平,如不平衡时调节平衡锤使之水平;

(2)检查上下销钉和升降螺丝是否失灵;

(3)检查测微表的灵敏性;

(4)将上、下盒间接触面及盒内表面涂薄层凡士林,以减小摩擦阻力;

(5)对应变控制式直剪仪,还需检查弹性钢环是否能与剪切容器和端承支点接触;将手轮逆时针方向旋转,使推进器与容器分开,然后将推进器的保险销钉拧开,检查螺母轮或蜗杆与螺丝槽有无脱离现象。

2.实验前的准备工作

(1)根据工程特点和土的性质,确定实验方法和需测定的参数;

(2)根据土的软硬程度确定法向应力的大小;

(3)根据实验方法和土的性质,确定剪切速率。

五、快剪实验

(1)用已知质量、高度和面积的环刀,从原状土样中切取原状土环刀试样或制备给定干密度及含水率的扰动土环刀试样,切取相同试样 4～5 个,测定试样的含水率及密度,试样需要饱和时需进行抽气饱和,具体方法参见第一章。

(2)安装试样:对准上、下盒,插入固定销。在下盒内放入不透水板;或者在下盒内放入一块透水石,其上覆盖一张隔水蜡纸。将装有试样的环刀平口向下,对准剪切盒口,在试样顶面放不透水板,然后将试样徐徐推入剪切盒内,移去环刀。

(3)转动手轮,使上盒前端钢珠刚好与负荷传感器或测力计接触。顺次加上加压盖板、钢珠、加压框架,调平杠杆。调整负荷传感器或测力计读数为零。

(4)施加垂直压力:每组实验应取 4 个试样,在 4 种不同垂直压力下进行剪切实验。可根据工程实际和土的软硬程度施加各级垂直压力,垂直压力的各级差值要大致相等。也可取垂直压力分别为 100kPa(加 1 个 1.274kg 砝码)、200kPa(加 1 个 1.274kg 和 1 个 2.549kg 砝码)、300kPa(加 1 个 1.274kg 和 2 个 2.549kg 砝码)、400kPa(加 1 个 1.274kg 和 3 个 2.549kg 砝码),各个垂直压力可一次轻轻施加,若土质松软,也可分级施加以防试样挤出。

(5)施加垂直压力后,立即拔去固定销。开动秒表,宜采用 0.8～1.2mm/min 的速率剪切,即每分钟 4～6 转的均匀速度旋转手轮(手轮转 1 圈的剪切位移是 0.2mm),使试样在 3～5min 内剪损。

(6)手轮每转一转,同时测记负荷传感器或测力计读数,当测力计的读数达到稳定或有显著后退时,表示试样已剪损,宜剪至剪切变形达到 4mm(手轮转 20 圈)。当测力计读数继续增加时,剪切变形应达到 6mm(手轮转 30 圈),直至减损。

（7）剪切结束后，吸去剪切盒中积水，倒转手轮，卸除垂直压力、框架、钢珠、加压盖板等，取出试样。需要时，测定剪切面附近土的含水率。

（8）选取 3～4 个试样，在不同垂直压力下重复上述步骤进行实验。

六、固结快剪实验

步骤（1）～（4）同快剪实验。

（5）当试样为饱和样时，在施加垂直压力 5min 后，往剪切盒水槽内注满水；当试样为非饱和土时，仅在加压板周围包以湿棉花，防止水分蒸发。

（6）在试样上施加规定的垂直压力后，每小时测记垂直变形读数。当每小时垂直变形读数变化不大于 0.005mm 时，认为已达到固结稳定。试样也可在其他仪器上固结，然后移至剪切盒内，继续固结至稳定后，再进行剪切。

（7）待试样固结稳定后，立即拔去固定销，后面步骤同快剪实验的步骤（5）～（7）。

六、慢剪实验

步骤（1）～（5）、（7）～（8）同固结快剪实验，不同的是步骤（6）中宜采用小于 0.02mm/min 的速率剪切。慢剪实验一般用电动直剪仪。

七、实验记录

直剪实验（快剪实验）数据记录表见表 8-1、表 8-2。

表 8-1　直剪实验数据记录表（一）

测力计率定系数 C：_____ kPa/0.01mm　　　　　　手轮转速：0.2mm/转

垂直压力100kPa				垂直压力200kPa			
手轮转数 n/转	测力计读数 R/0.01mm	剪切位移 ΔL/0.01mm	剪应力 τ/kPa	手轮转数 n/转	测力计读数 R/0.01mm	剪切位移 ΔL/0.01mm	剪应力 τ/kPa
(1)	(2)	(3)=20×(1)−(2)	(4)=(2)×C	(1)	(2)	(3)=20×(1)−(2)	(4)=(2)×C
1				1			
2				2			
3				3			
4				4			
5				5			
6				6			
7				7			
8				8			
9				9			
10				10			

表 8-2 直剪实验数据记录表(二)

测力计率定系数 C:_____ kPa/0.01mm   手轮转速:0.2mm/转

垂直压力300kPa				垂直压力400kPa			
手轮转数 n/转	测力计读数 R/0.01mm	剪切位移 ΔL/0.01mm	剪应力 τ/kPa	手轮转数 n/转	测力计读数 R/0.01mm	剪切位移 ΔL/0.01mm	剪应力 τ/kPa
(1)	(2)	(3)=20×(1)−(2)	(4)=(2)×C	(1)	(2)	(3)=20×(1)−(2)	(4)=(2)×C
1				1			
2				2			
3				3			
4				4			
5				5			
6				6			
7				7			
8				8			
9				9			
10				10			
11				11			
12				12			

八、实验结果整理

(1)试样的剪切位移按下式计算:

$$\Delta L = 20n - R \tag{8-1}$$

式中:ΔL ——剪切位移(0.01mm);

   n ——手轮转数;

   R ——测力计读数(0.01mm)。

(2)试样的剪应力按下式计算:

$$\tau = CR \tag{8-2}$$

式中:τ ——剪应力(kPa);

   C ——测力计率定系数(kPa/0.01mm);

   R ——测力计读数(0.01mm)。

(3)以剪应力 τ 为纵坐标,剪切位移 ΔL 为横坐标,绘制不同法向应力作用下剪应力 τ 与剪切位移 ΔL 关系曲线,见图 8-3。

(4)选取剪应力 τ 与剪切位移 ΔL 关系曲线上的峰值点或稳定值作为抗剪强度 τ_f。当无明显峰值点时,取剪切位移 $\Delta L=4$mm 对应的剪应力作为抗剪强度,见表 8-3。

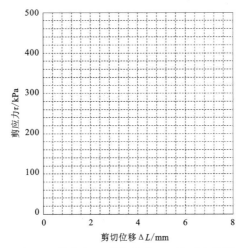

图 8-3　剪应力 τ-剪切位移 ΔL 关系曲线图

表 8-3　不同法向应力对应的抗剪强度

法向应力 σ/kPa	100	200	300	400
抗剪强度 τ_{f}/kPa				

（5）以抗剪强度 τ_{f} 为纵坐标，法向应力 σ 为横坐标，绘制抗剪强度 τ_{f} 与法向应力 σ 的关系曲线（图 8-4）。根据图上各点，拟合一直线。

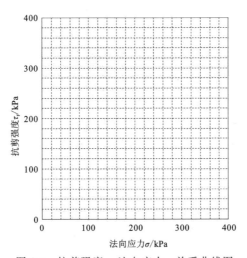

图 8-4　抗剪强度 τ_{f}-法向应力 σ 关系曲线图

（6）确定土的黏聚力 c 和内摩擦角 φ。直线在纵轴上的截距为土的黏聚力 c，直线与横轴的夹角为土的内摩擦角 φ。

实验二　三轴压缩实验

三轴压缩实验是试样在某一固定周围压力下,逐渐增大轴向压力,直至试样破坏的一种抗剪强度实验。三轴压缩实验可以严格控制排水条件,可以测量土体内的孔隙水压力和体积变化,试样中的应力状态明确,试样破坏时的破裂面在最薄弱处,可以模拟建筑物和建筑地基的特点以及根据设计施工的不同要求确定实验方法。

根据施加周围压力和剪切阶段排水条件的不同,常规三轴压缩实验可分为不固结不排水剪实验(UU)、固结不排水剪实验(CU)和固结排水剪实验(CD)等。实验方法的选择应根据工程情况、土的性质、建筑施工和运营条件以及所采用的分析方法确定。适用于细粒土和粒径小于 20mm 的粗粒土。

1. 不固结不排水剪实验(UU)

在实验过程中排水阀门始终关闭,在不排水条件下给试样施加周围压力 σ_3,试样内的孔隙水不能排出;快速增大轴向偏差应力 $\sigma_1 - \sigma_3$ 直至试样发生剪切破坏。土中的含水量始终保持不变,孔隙水压力也不可能消散,用这种实验方法测得的总应力抗剪强度称为不排水强度,其黏聚力和内摩擦角分别用 c_u、φ_u 表示。适用于土体受力而孔隙水压力不消散的情况。当建筑物施工速度快、土体渗透系数较低、排水条件较差,或仅考虑短期施工过程中的稳定性时,可采用不固结不排水剪实验(UU)。

2. 固结不排水剪实验(CU)

试样在周围压力 σ_3 作用下充分排水固结,待固结稳定后关闭排水阀门,在不排水的条件下逐步施加轴向偏差应力 $\sigma_1 - \sigma_3$ 进行剪切,直至试样剪切破坏。在剪切过程中,试样内将出现一定数值的超静孔隙水压力,可由孔压量测系统测定。用这种实验方法测得的总应力抗剪强度称为固结不排水强度,其黏聚力和内摩擦角分别用 c_{cu}、φ_{cu} 表示,可以根据孔隙水压力 u 求得有效抗剪强度指标 c'、φ'。适用于当建筑物建成后地基土体已基本固结,考虑在使用期间荷载突然增加或水位骤降引起土体自重骤增等情况,或者土层较薄、渗透性较大、施工速度较慢的竣工工程,以及先施加垂直荷载而后施加水平荷载的建筑物地基(如挡土墙、船坞、船闸等)等情况。当需提供有效应力抗剪强度指标时,采用测孔隙水压力的固结不排水剪实验。

3. 固结排水剪实验(CD)

在实验过程中排水阀门始终打开,试样先在周围压力 σ_3 作用下充分排水固结,固结稳定后缓慢增加轴向偏差应力 $\sigma_1 - \sigma_3$ 进行剪切,让试样在剪切过程中充分排水。在实验过程中测读排水量以及计算试样体积变化,试样中始终不出现超静孔隙水压力,总应力恒等于有效应力,用这种方法测得的抗剪强度称为排水强度,相应的抗剪强度指标称为排水强度指标 c_d、φ_d,试样内的应力始终为有效应力,c_d 和 φ_d 也就是有效应力抗剪强度指标 c'、φ'。研究砂类土地基的承载力和边坡稳定性、黏性土地基的长期稳定性问题,或在施工期和工程使用期有充分时间允许排水固结时,可采用固结排水剪实验(CD)。但黏性土的 CD 实验需要很长时间,往往用 CU 实验代替。

一、实验目的

测定土的总应力抗剪强度指标、孔隙水压力和有效应力抗剪强度指标。

二、实验原理

三轴压缩实验是测定土体抗剪强度的一种比较完善的室内实验方法,图 8-5 为常规三轴压缩实验及在实验中试样的应力状态。试样在剪切过程中处于轴对称应力状态,轴向力是最大主应力,两个侧向应力总是相等。

常规三轴压缩实验分为如下两个阶段。

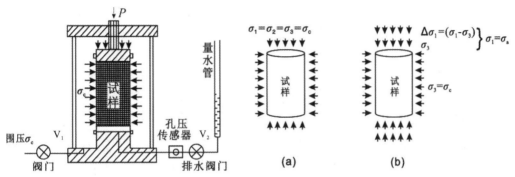

(a)施加周围压力;(b)施加偏差应力进行剪切。

图 8-5　常规三轴压缩实验及试样的应力状态

1. 施加围压阶段

用橡皮膜包封一圆柱状试样,将它置于透明密封容器(压力室)中,通过阀门 V_1 向压力室中注入液体(油或水),注入液体充满整个压力室后施加压力,使试样各方向受到均匀的周围压力,简称围压,可表示为 σ_c ,$\sigma_1 = \sigma_2 = \sigma_3 = \sigma_c$ 。在围压作用阶段,如果打开排水阀门 V_2 ,允许试样内孔隙水充分排出,由围压产生的超静孔隙水压力充分消散,土样体积减小,该过程称为固结;反之,如果在施加围压的过程中关闭排水阀门 V_2 ,不允许试样中的孔隙水排出,试样内保持有超静孔隙水压力,这个过程称为不固结。

2. 剪切阶段

保持围压 σ_3 不变,通过轴向活塞杆对试样顶面缓慢施加竖向偏差应力 $\Delta \sigma_1 = \sigma_1 - \sigma_3 = P/A$,P 为作用于活塞杆上的竖向压力,A 为试样的平均截面积,进行压缩,直至试样发生剪切破坏;同时,测读压力 P 作用下的竖向变形,并计算出竖向应变 ε_1 。在施加 $\sigma_1 - \sigma_3$ 的剪切力过程中,如果始终打开排水阀门 V_2 ,使试样内的孔隙水能自由排出,并根据土样渗透性的大小控制加载速率,加载速率足够慢,使试样内不产生超静孔隙水压力,这个过程称为排水。反之,剪切过程中关闭排水阀门 V_2 ,不允许试样内的孔隙水排出,试样内保持有超静孔隙水压力,这个过程称为不排水。

对饱和试样,当阀门 V_2 打开时,可测读通过阀门 V_2 流出或进入试样的水量,计算出试样在实验过程中的体积应变 ε_v ;当阀门 V_2 关闭时,由于土颗粒和孔隙水不可压缩,试样的体积应变为 0,试样内产生超静孔隙水压力,孔隙水压力的大小用安装在试样底座上的孔压传感器测取。当关闭阀门 V_2 且在试样上只施加围压时,测定相应产生的孔隙水压力 Δu_1,就可算出孔压系数 B 值;而当试样上 σ_3 不变,施加偏差应力时,测定相应的孔隙水压力增量 Δu_2,当孔压系数 B 值已经测得时,就可算出孔压系数 A 值。

用同一种土的 3～4 个圆柱形试样进行实验,施加不同的围压 σ_3,测出剪切阶段的偏差应力 $\sigma_1 - \sigma_3$ 与竖向应变 ε_1 的关系曲线,确定 3～4 个破坏偏差应力 $(\sigma_1 - \sigma_3)_f$,破坏时的最大主应力为 $\sigma_{1f} = \sigma_3 + (\sigma_1 - \sigma_3)_f$,这样围压 σ_3 和相应于这个围压的 σ_{1f} 就可以在 $\sigma-\tau$ 坐标系上绘制 3～4 个极限状态莫尔圆。根据极限平衡条件,绘制这些极限状态莫尔圆的公切线可得出土的莫尔-库伦抗剪强度包线,该线与 σ 轴的夹角是土的内摩擦角 φ,在 τ 轴上的截距是土的黏聚力 c。见图 8-6。

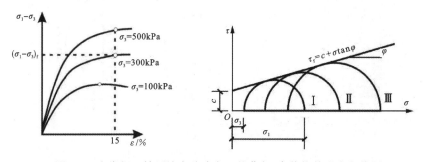

图 8-6 由常规三轴压缩实验确定土的莫尔-库伦抗剪强度包线图

三、实验仪器

(1)应变控制式三轴仪(图 8-7):由反压力控制系统、周围压力控制系统、压力室、孔隙水压力量测系统组成。

(2)附属制样设备:击实器(图 8-8);饱和器(图 8-9);切土盘(图 8-10);切土器和切土架(图 8-11);原状土分样器(图 8-12);承膜筒(图 8-13);制备砂样圆模(用于冲填土或砂性土)(图 8-14)。

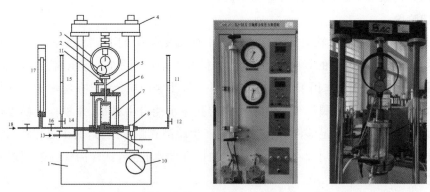

1.实验机;2.轴向位移计;3.轴向测力计;4.实验机横梁;5.活塞;6.排气孔;7.压力室;8.孔隙压力传感器;9.升降台;
10.手轮;11.排水管;12.排水管阀;13.周围压力;14.排水管阀;15.量水管;16.体变管阀;17.体变管;18.反压力。

图 8-7 应变控制式三轴仪结构图与实物图

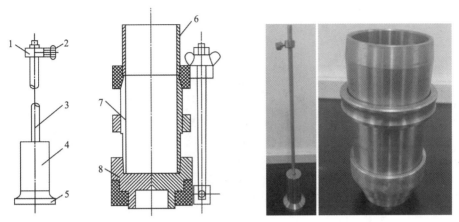

1.套环;2.定位螺丝;3.导杆;4.击锤;5.底板;6.套筒;7.饱和器;8.底板。

图 8-8　击实器结构图与实物图

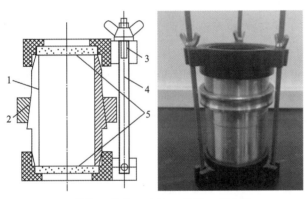

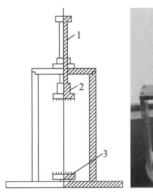

1.土样筒;2.紧箍;3.夹板;4.拉杆;5.透水板。

图 8-9　饱和器结构图与实物图

1.轴;2.上盘;3.下盘。

图 8-10　切土盘结构图与实物图

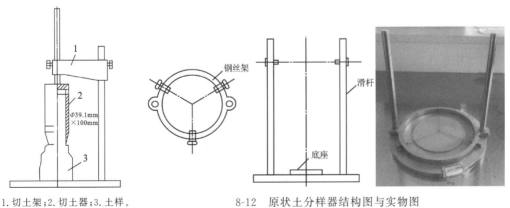

1.切土架;2.切土器;3.土样。

图 8-11　切土器和切土架结构图

8-12　原状土分样器结构图与实物图

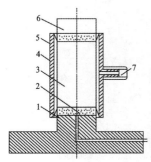

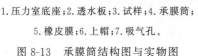
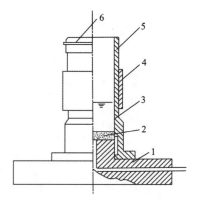

1.压力室底座;2.透水板;3.试样;4.承膜筒;

5.橡皮膜;6.上帽;7.吸气孔。

图 8-13　承膜筒结构图与实物图

1.压力室底座;2.透水板;3.制样圆模(两

片合成);4.紧箍;5.橡皮膜;6.橡皮圈。

图 8-14　制备砂样圆模

(3)天平:称量 200g,分度值 0.01g;称量 1000g,分度值 0.1g;称量 5000g,分度值 1g。

(4)负荷传感器:轴向力的最大允许误差为±1%。

(5)位移传感器(或量表):量程 30mm,分度值 0.01mm。

(6)橡皮膜:对直径为 39.1mm 和 61.8mm 的试样,橡皮膜厚度宜为 0.1~0.2mm;对直径为 101mm 的试样,橡皮膜厚度宜为 0.2~0.3mm。

(7)透水板:直径与试样直径相等,其渗透系数宜大于试样的渗透系数,使用前在水中煮沸并泡于水中。

四、实验前的检查和准备

(一)仪器性能检查

(1)周围压力和反压力控制系统的压力源。

(2)空气压缩机的压力控制器。

(3)调压阀的灵敏度及稳定性。

(4)精密压力表的精度和误差:周围压力和反压力的测量准确度应为全量程的 1%;根据试样的强度大小,选择不同量程的测力计,应使最大轴向压力的准确度不低于 1%。

(5)管路系统的周围压力、孔隙水压力、反压力、体积变化装置以及试样上下端通道接头处是否存在漏气、漏水或阻塞现象,压力室活塞杆在轴套内能否自由滑动等。

(6)孔隙水压力量测系统及体变管道内是否存在封闭气泡,若有封闭气泡可用无气泡水进行循环排气,或施加压力使气泡溶解于水,并从试样底座溢出。其方法是:孔隙水压力量测系统中充以无气水并施加压力,小心地打开孔隙压力阀,使管路中的气泡从压力室底座排出。应反复几次直到气泡完全冲出为止。

(7)仪器检查完毕,关周围压力阀、孔隙压力阀和排水阀以备使用。

(8)土样两端放置的透水石是否畅通和浸水饱和。

(9)乳胶膜套的漏气和漏水检查,其方法是扎紧两端,向膜内充气,在水中检查,应无气泡溢出,方可使用。

(二)实验前的准备工作

(1)根据工程特点和土的性质,确定实验方法和需测定的参数。

(2)根据土样的制备方法和土样特性选择饱和方法。

(3)根据试样的强度大小,选择不同量程的测力计。

(4)根据实验方法和土的性质,选择剪切速率。

(5)根据取土深度、土的应力历史及实验方法,确定周围压力的大小。

(6)根据土样的多少和均匀程度确定单个试样多级加荷还是多个试样分级加荷。

五、试样制备与饱和

(一)试样制备

试样应制备或切成圆柱形,试样高度 h 与直径 D 之比(h/D)应为 2.0～2.5,直径 D 分别为 39.1mm、61.8mm 和 101.0mm。对于有裂隙、软弱面或构造面的试样,直径 D 宜采用 101.0mm。

1. 原状土试样制备

(1)对于较软的土样,先用钢丝锯或削土刀切取一稍大于规定尺寸的土柱,放在切土盘(图 8-10)的上、下圆盘之间。再用钢丝锯或削土刀紧靠侧板,由上往下细心切削,边切削边转动圆盘,直至土样的直径被削成规定的直径为止。然后按试样高度的要求,削平上下两端。对于直径为 10cm 的软黏土土样,可先用原状土分样器(图 8-12)分成 3 个土柱,再按上述的方法切削成直径为 39.1mm 的试样。

(2)对于较硬的土样,先用削土刀切取一稍大于规定尺寸的土柱,上下两端削平,按试样要求的层次方向放在切土架上,用切土器(图 8-11)切削。先在切土器刀口内壁涂上一薄层凡士林,将切土器的刀口对准土样顶面,边削土边压切土器,直至切削到比要求的试样高度高约 2cm 为止,然后拆开切土器,将试样取出,按要求的高度将两端削平。试样的两端面应平整,互相平行,侧面垂直,上下均匀。在切样过程中,当试样表面因遇砾石而成孔洞时,允许用切削下的余土填补。

(3)将切削好的试样称量,直径为 101.0mm 的试样应精确至 1g;直径为 61.8mm 和 39.1mm 的试样应精确至 0.1g。取切下的余土,平行测定含水率,取其平均值作为试样的含水率。试样高度和直径用游标卡尺量测,试样的平均直径应按下式计算:

$$D_0 = \frac{D_1 + 2D_2 + D_3}{4} \tag{8-3}$$

式中:D_0 ——试样平均直径(mm);

D_1、D_2、D_3 ——试样上、中、下部位的直径(mm)。

(4)对于特别坚硬的和很不均匀的土样,当不易切成平整、均匀的圆柱体时,允许切成与规定直径接近的柱体,按所需试样高度将上下两端削平,称取质量,然后包上橡皮膜,用浮称法称试样的质量,并换算出试样的体积和平均直径。

2. 扰动土试样制备

(1)选取一定数量的代表性土样。直径为 39.1mm 的试样约取 2kg,直径为 61.8mm 和 101.0mm 试样分别取 10kg 和 20kg。经风干、碾碎、过筛,筛的孔径应符合表 8-4 的规定,测定风干含水率,按式(1-1)计算要求的含水率所需加水量。

表 8-4　试样颗粒的允许最大粒径与试样直径的关系表

试样直径 D/mm	允许最大粒径 d/mm
39.1	$d < \frac{1}{10}D$
61.8	$d < \frac{1}{10}D$
101.0	$d < \frac{1}{5}D$

(2)将需要的水量喷洒到土料上拌匀,稍静置后装入塑料袋,然后置于密闭容器内至少 20h,使含水率均匀。取出土料复测其含水率。含水率的最大允许差值应为 ±1%。当不符合要求时,应调整含水率至符合要求为止。

(3)击样筒的内径应与试样直径相同。击锤的直径宜小于试样直径,也可采用与试样直径相等的击锤。击样筒壁在使用前应洗擦干净,涂一薄层凡士林。

(4)根据实验要求的干密度,称取所需土质量,所需土质量按式(1-2)计算。按试样高度分层击实,粉土分 3~5 层,黏土分 5~8 层击实,各层土料质量相等。每层击实至要求高度后,将表面刨毛,再加第 2 层土料。如此连续进行直至击实最后一层。将击样筒中的试样两端整平,取出称其质量。

3. 砂土试样制备

(1)根据实验要求的试样干密度和试样体积称取所需风干砂样质量,风干砂样质量按式(1-2)计算,试样分三等份,在水中煮沸,冷却后待用。

(2)开应变控制式三轴仪的孔隙压力阀及量管阀,使压力室底座充水。将煮沸过的透水板滑入压力室底座上,并用橡皮带把透水板包扎在底座上,以防砂土漏入底座中。关闭孔隙压力阀及量管阀,将橡皮膜的一端套在压力室底座上并扎紧,将对开模套在底座上,将橡皮膜的上端翻出,然后抽气,使橡皮膜贴紧对开模内壁(图 8-14)。

(3)向橡皮膜内注脱气水约达试样高的 1/3。用长柄小勺将煮沸冷却的一份砂样装入膜中,填至该层要求高度。对含有细粒土和要求高密度的试样,可采用干砂制备,用水头饱和或反压力饱和。

(4)第 1 层砂样填完后,继续注水至试样高度的 2/3,再装第 2 层砂样。如此继续装样,直至膜内装满试样为止。如果要求干密度较大,则可在填砂过程中轻轻敲打对开模,使所称出的砂样填满规定的体积。然后放上透水板、试样帽,翻起橡皮膜,并扎紧在试样帽上。

(5)为使试样能直立,可对试样内部施加 5kPa 的负压力或用量水管降低水头,开量管阀降低量管,使管内水面低于试样中心高程以下约 0.2m,当试样直径为 101mm 时,应低于试样中心高程以下约 0.5m。在试样内产生一定负压,使试样能站立。拆除对开模,测量试样高度与直径应符合原状土试样制备中(3)的规定,复核试样干密度。各试样之间的干密度最大允许差值应为±0.03g/cm³。对含有细粒土或要求高密度的试样,也可采用干砂制备,用水头饱和或反压力饱和。

(二)试样饱和

可分别采用真空抽气饱和法、水头饱和法或反压力饱和法。

1. 真空抽气饱和法

参见第一章真空抽气饱和法步骤。

2. 水头饱和法

适用于粉土或粉土质砂。按照砂土试样的制备方法安装试样,试样顶用透水帽,试样周围不贴滤纸条,施加 20kPa 的周围压力,并同时提高试样底部量管的水面,降低连接试样顶部固结排水管的水面,使两管水面差在 1m 左右。打开量管阀、孔隙水压力阀和排水管阀,使无气泡的水从底部进入试样,从试样顶部溢出,让水自下而上通过试样,直至同一时间间隔内量管流出的水量与固结排水管内流入的水量相等为止。当需要提高试样的饱和度时,宜在水头饱和前,从底部将二氧化碳气体通入试样,置换孔隙中的空气。二氧化碳的压力宜为 5～10kPa,再进行水头饱和。

3. 反压力饱和法

试样要求完全饱和时,可对试样施加反压力。

(1)试样装好后装上压力室罩,关闭孔隙压力阀、反压力阀和体变管阀,测记体变管读数。打开周围压力阀,先对试样施加 20kPa 的围压力预压,并开孔隙压力阀待孔隙压力稳定后记下读数,然后关孔隙压力阀。

(2)反压力应分级施加,并同时分级施加周围压力,以减少对试样的扰动,在施加反压力过程中,始终保持周围压力比反压力大 20kPa,反压力和周围压力的每级增量对软黏土取 30kPa;对坚实的土或初始饱和度较低的土,取 50～70kPa。

(3)操作时,先调周围压力至 50kPa,并将反压力系统调至 30kPa,同时打开周围压力阀和反压力阀,再缓缓打开孔隙压力阀,待孔隙水压力阀稳定后,测记孔隙水压力计和体变管读数,再施加下一级的周围压力和反压力。

(4)计算每级周围压力下的孔隙压力增量 Δu,并与周围压力增量 $\Delta \sigma_3$ 比较,当孔隙压力增量与周围压力增量之比 $\Delta u/\Delta \sigma_3$ 大于 0.98 时,认为试样饱和;否则应按反压力饱和法重复操作,直至试样饱和为止。

4. 饱和方法的选择

根据不同的土类和要求饱和程度而选用不同的方法。当采用真空抽气饱和法和水头饱和法试样不能完全饱和时,在实验时应对试样施加反压力。反压力是人为地对试样同时增加孔隙水压力和周围压力,使试样孔隙内的空气在压力下溶解于水,对试样施加反压力的大小与试样起始饱和度有关。当试样起始饱和度较低时,即使施加很大的反压力,也不一定能使试样饱和,加上受三轴仪压力的限制,因此,当试样起始饱和度低时,应首先进行真空抽气饱和,然后再使用反压力饱和。

六、不固结不排水(UU)实验

(一)实验步骤

1. 试样安装

(1)对压力室底座充水,在底座上放置不透水板,并依次放置试样、不透水板及试样帽。

(2)将橡皮膜套在承膜筒内,两端翻出筒外(图8-13),用洗耳球从吸气孔吸气,使膜贴紧承膜筒内壁,套在试样外,放气,翻起橡皮膜的两端,取出承膜筒。用橡皮圈将橡皮膜分别扎紧在压力室底座和试样帽上。

(3)装上压力室罩。安装时应先将活塞提升,以防碰撞试样,压力室罩安放后,将活塞对准试样帽中心,并均匀地拧紧底座连接螺丝。

(4)开排气孔,向压力室充水,当压力室内快注满水时,降低进水速度,水从排气孔溢出时,关闭排气孔。

(5)关体变传感器或体变管阀及孔隙压力阀,开周围压力阀,施加所需的周围压力。周围压力大小应与工程的实际小主应力 σ_3 相适应,并尽可能使最大周围压力与土体的最大实际主应力 σ_1 大致相等。也可按 100kPa、200kPa、300kPa、400kPa 施加。

(6)上升升降台,当轴向测力计有微读数时表示活塞已与试样帽接触。然后将轴向负荷传感器或测力计、轴向位移传感器或位移计的读数调整到零位。

2. 试样剪切

(1)施加轴向压力:开动实验机,剪切速率取(0.5~1.0)%/min,进行试样剪切,以使试样在 15~30min 内完成剪切实验。开始阶段,试样每产生轴向应变 0.3%~0.4%时,测记轴向力和轴向位移读数各 1 次。当轴向应变达 3%以后,读数间隔可延长为每产生轴向应变 0.7%~0.8%时各测记 1 次。当接近峰值时应加密读数。当试样为特别硬脆或软弱土时,可加密或减少测读的次数。

(2)当出现峰值后,再继续剪切 3%~5%的轴向应变;轴向力读数无明显减少时,则剪切至轴向应变达 15%~20%。

(3)实验结束后,关闭电动机,下降升降台,开排气孔排去压力室内的水,拆除压力室罩,擦干试样周围的余水,脱去试样外的橡皮膜,描述破坏后的形状,称量试样质量,测定含水率。对于直径为 39.1mm 的试样,宜取整个试样烘干;对于直径为 61.8mm 和 101mm 的试样,可切取剪切面附近有代表性的部分土样烘干。

选取 3~4 个试样,在不同周围压力下重复上述步骤进行实验。

(二)实验记录

不固结不排水(UU)剪三轴压缩实验数据记录见表8-5。

表 8-5　不固结不排水(UU)剪三轴压缩实验数据记录表

周围压力/kPa					测力计率定系数/(N・0.01mm^{-1})		
试样直径 d_0/cm					剪切速率/(mm・min^{-1})		
试样高度 h_0/cm					试样质量/g		
试样截面积 A_0/cm^2					密度/(g・cm^{-3})		
试样体积 V_0/cm^3					含水率/%		
测力计读数/ 0.01mm	轴向荷重/ N	轴向变形/ cm	轴向应变/%	校正面积/cm^2	主应力差/kPa		大主应力/ kPa
R	P	Δh	$\varepsilon_1 = \dfrac{\Delta h}{h_0} \times 100\%$	$A_a = \dfrac{A_0}{1-\varepsilon}$	$\sigma_1 - \sigma_3 = \dfrac{P}{A_a}$		σ_1

（三）实验结果整理

（1）试样的轴向荷重。

$$P = RC \tag{8-4}$$

式中：P——轴向荷重(N)；

　　　R——测力计读数(0.01mm)；

　　　C——测力计率定系数(N/0.01mm)。

（2）试样的轴向应变。

$$\varepsilon_1 = \frac{\Delta h}{h_0} \times 100\% \tag{8-5}$$

式中：ε_1——轴向应变(%)；

　　　Δh——剪切过程中试样的轴向变形(cm)；

　　　h_0——试样初始高度(cm)。

（3）试样剪切过程中平均截面积。

$$A_a = \frac{A_0}{1-\varepsilon_1} \tag{8-6}$$

式中：A_a——试样校正后面积(cm^2)；

　　　A_0——试样实验前面积(cm^2)；

　　　ε_1——轴向应变(%)。

（4）试样所受主应力差。

$$\sigma_1 - \sigma_3 = \frac{P}{A_a} \times 10 \tag{8-7}$$

式中：σ_1——最大主应力(kPa)；

　　　σ_3——最小主应力(kPa)；

　　　其余符号同前。

（5）绘制主应力差与轴向应变关系曲线。

以主应力差 $(\sigma_1 - \sigma_3)$ 为纵坐标，轴向应变 ε_1 为横坐标，绘制不同周围压力下主应力差与轴向应变关系曲线（图 8-15）。

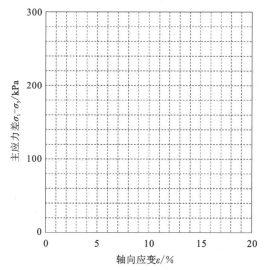

图 8-15　主应力差与轴向应变关系曲线图

（6）计算不同周围压力的 σ_{1f}。

取曲线上主应力差峰值为破坏点，无峰值时，取轴向应变为 15% 对应的主应力差值作为破坏点，确定不同周围压力下破坏点的 $(\sigma_1 - \sigma_3)_f$，计算不同周围压力的 $\sigma_{1f} = (\sigma_1 - \sigma_3)_f + \sigma_{3f}$。

（7）绘制破损应力圆的抗剪强度包线。

以剪应力 τ 为纵坐标、法向应力 σ 为横坐标建立坐标系，绘制不同周围压力下的破损应力圆，应力圆的圆心坐标为 $(\dfrac{\sigma_{1f} + \sigma_{3f}}{2}, 0)$，半径为 $\dfrac{\sigma_{1f} - \sigma_{3f}}{2}$；并绘制破损应力圆的抗剪强度包线（图 8-16）。

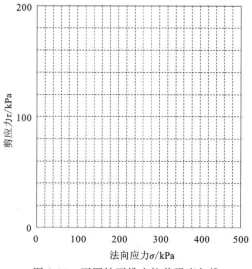

图 8-16　不固结不排水抗剪强度包线

（8）确定土的不固结不排水抗剪强度黏聚力 c_u 和内摩擦角 φ_u。

破损应力圆的抗剪强度包线在纵轴上的截距为土的不固结不排水黏聚力 c_u，直线与横轴的夹角为土的不固结不排水内摩擦角 φ_u。

七、固结不排水(CU)实验

（一）实验步骤

1. 试样安装

（1）打开试样底部的孔隙水压力阀和量管阀，使量管里的水缓缓地流向底座，对孔隙水压力系统及压力室底座充水排气后，关孔隙水压力阀和量管阀。在压力室底座上依次放上透水石、湿滤纸、试样和透水石。为了加速试样的固结过程，同时在剪切时使试样内孔隙水压力均匀传递，在试样周围贴上若干条浸湿的滤纸条，通常用上下均与透水石相连的滤纸条（图 8-17 Ⅱ），滤纸条宽度为试样直径的 1/5～1/6。如对试样施加反压力，所贴的滤纸条宜采用间断式，中间断开约试样高度的 1/4（图 8-17 Ⅳ），或自底部向上贴至试样高度 3/4 处（图 8-17 Ⅲ）。关于滤纸条的尺寸和数量，直径 39.1mm 的试样采用 6mm 宽的滤纸条 7～9 条；直径 61.8mm 和 101mm 的试样，可用 8～10mm 宽的滤纸条 9～11 条。

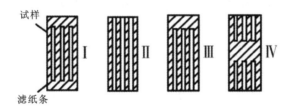

试样
滤纸条

图 8-17　滤纸条不同贴法

（2）把已检查过的乳胶薄膜套在承膜筒内，两端翻出筒外（图 8-13），用吸水球（洗耳球）从气嘴中不断吸气，使橡皮膜贴紧承膜筒内壁，小心将它套在试样外，然后让气嘴放气，使橡皮膜紧贴试样周围，翻起橡皮膜的两端，取出承膜筒。用橡皮圈将橡皮膜下端扎紧在压力室底座上。

（3）用毛刷在试样周围自下而上轻刷，以排除试样与橡皮膜之间的气泡。对于饱和软黏土，可打开试样底座的孔隙水压力阀和量管阀，让量管中水缓慢地从试样底座流入试样与橡皮膜之间，并不时用手在橡皮膜的上口轻拉一下，以利气泡的排出。待气泡排尽后，关闭孔隙水压力阀和量管阀。

（4）打开与试样帽连通的排水管阀，使量水管中的水流入试样帽，水从试样帽徐徐流出以排除管路中气泡，并将试样帽置于试样顶端。排除顶端气泡，将橡皮膜扎紧在试样帽上。

（5）降低排水管，使管内水面位于试样中心高程以下 20～40cm，吸出试样与橡皮膜之间多余水分，然后关闭排水管阀。

（6）将压力室罩顶部活塞提高，以防碰撞试样，装上压力室罩。将活塞对准试样帽中心，并均匀地拧紧底座连接螺母。

(7)开排气孔,向压力室内注满纯水,当压力室内快注满水时,降低进水速度,水从排气孔溢出时,关闭排气孔。

(8)放低排水管使管内水面与试样中心的高度齐平,测记其水面读数,并关闭排水管阀。

2.试样排水固结

(1)使量管水面位于试样中心高度处,开量管阀,测读孔隙水压力传感器,记下孔隙水压力起始读数,然后关闭量管阀。

(2)关体变传感器或体变管阀及孔隙压力阀,开周围压力阀,施加所需的周围压力。周围压力大小应与工程的实际小主应力 σ_3 相适应,并尽可能使最大周围压力与土体的最大实际主应力 σ_1 大致相等。也可按 100kPa、200kPa、300kPa、400kPa 施加,并调整负荷传感器或测力计、轴向位移传感器或位移计的读数为零。

(3)打开孔隙水压力阀,测记稳定后的孔隙水压力读数,减去孔隙水压力计起始读数,即为周围压力与试样的初始孔隙水压力。

(4)开排水管阀,按 0min、0.25min、1min、4min、9min……时间测记排水读数及孔隙水压力计读数。固结度至少应达到 95%,固结过程中可随时绘制排水量 ΔV 与时间平方根或时间对数曲线及孔隙水压力消散度与时间对数曲线。若试样的主固结时间已经掌握,也可不读排水管和孔隙水压力的过程读数。

(5)当要求对试样施加反压力时,按前述反压力饱和法步骤操作。关体变管阀,增大周围压力,使周围压力与反压力之差等于原来选定的周围压力,记录稳定的孔隙水压力读数和体变管水面读数作为固结前的起始读数。

(6)开体变管阀,让试样通过体变管排水,并应按步骤(2)~(4)进行排水固结。

(7)固结完成后,关排水管阀或体变管阀,记下体变管或排水管和孔隙水压力的读数。开动实验机,当轴向力读数开始微动时,表示活塞已与试样接触,记下轴向位移读数,即为固结下沉量 Δh,依此算出固结后试样高度 h_c。然后将轴向力和轴向位移读数都调至零。

3.试样剪切

(1)施加轴向压力:开动实验机,剪切速率取(0.05~0.10)%/min,粉土剪切应变速率宜为(0.10~0.50)%/min,进行试样剪切。

开始阶段,试样每产生轴向应变 0.3%~0.4%时,测记轴向力和轴向位移读数各 1 次。当轴向应变达 3%以后,读数间隔可延长为每产生轴向应变 0.7%~0.8%时各测记 1 次。当接近峰值时应加密读数。当试样为特别硬脆或软弱土时,可加密或减少测读的次数。

(2)实验结束后,关闭电动机,下降升降台,开排气孔,排去压力室内的水,拆除压力室罩,擦干试样周围的余水,脱去试样外的橡皮膜,描述破坏后的形状,称量试样质量,测定含水率。对于直径为 39.1mm 的试样,宜取整个试样烘干;对于直径为 61.8mm 和 101mm 的试样,可切取剪切面附近有代表性的部分土样烘干。

选取 3~4 个试样,在不同周围压力下排水固结,按上述步骤重复实验。

（二）实验记录

三轴压缩实验（固结不排水）实验数据记录表见表 8-6～表 8-8。

表 8-6 三轴压缩实验（固结不排水）数据记录表（反压力饱和过程）

加反压力饱和过程					
时间/min	周围压力 σ_3/kPa	反压力 u_a/kPa	孔隙水压力 u/kPa	孔隙水压力增量 Δu/kPa	试样体积变化
					读数/cm³

表 8-7 三轴压缩实验（固结不排水）数据记录表（排水固结过程）

固结过程						
时间/min	量管		孔隙水压力 u		体变管	
	读数/cm³	排水量/cm³	读数/kPa	压力值/kPa	读数/cm³	体变值/cm³
0						
0.25						
1						
4						
9						

表 8-8 三轴压缩实验(固结不排水)数据记录表(不排水剪切过程)

周围压力 $\sigma_3 =$ _____ kPa	固结下沉量 $\Delta h =$ _____ cm
剪切应变速率＝_____ %/min	固结后高度 $h_c =$ _____ cm
测力计率定系数＝_____ N/0.01mm	固结后面积 $A_c =$ _____ cm²

轴向变形读数 $\Delta h_i /$ 0.01mm	轴向应变 $\varepsilon_1 /\%$	试样校正后面积 A_a / cm^3	测力计读数 $R / 0.01\text{mm}$	主应力差 $\sigma_1 - \sigma_3 /$ kPa	大主应力力 σ_1 / kPa	孔隙水压力 u 读数	孔隙水压力 u 压力值/ kPa	有效大主应力 σ_1' / kPa	有效小主应力 σ_3' / kPa	有效主应力比 $\dfrac{\sigma_1'}{\sigma_3'}$

（三）实验结果整理

（1）计算试样固结后的高度 h_c。

$$h_c = h_0 \left(1 - \frac{\Delta V}{V_0}\right)^{1/3} \tag{8-8}$$

式中：h_c ——试样固结后的高度(cm)；

$\quad h_0$ ——试样初始高度(cm)；

$\quad \Delta V$ ——试样固结后与固结前的体积变化(cm³)；

$\quad V_0$ ——试样初始体积(cm³)。

（2）计算试样固结后的面积 A_c。

$$A_c = A_0 \left(1 - \frac{\Delta V}{V_0}\right)^{2/3} \tag{8-9}$$

式中：A_c ——试样固结后的面积(cm²)；

$\quad A_0$ ——试样初始截面积(cm²)；

$\quad$ 其他符号同前。

（3）计算轴向应变 ε_1。

$$\varepsilon_1 = \frac{\Delta h_i}{h_c \times 10} \tag{8-10}$$

式中：ε_1 ——试样轴向应变(%)；

$\quad \Delta h_i$ ——试样轴向变形(0.01mm)；

$\quad h_c$ ——试样固结后高度(cm)。

(4)计算试样校正后面积 A_a。

$$A_a = \frac{A_c}{1 - \varepsilon_1 \times 0.01} \qquad (8\text{-}11)$$

式中:A_a——试样校正后面积(cm^2);

A_c——试样固结后面积(cm^2);

ε_1——试样轴向应变(%)。

(5)计算主应力差 $\sigma_1 - \sigma_3$。

$$\sigma_1 - \sigma_3 = \frac{CR}{A_a} \times 10 \qquad (8\text{-}12)$$

式中:$\sigma_1 - \sigma_3$——主应力差(kPa);

σ_1——大主应力(kPa);

σ_3——小主应力(kPa)。

C——测力计率定系数(N/0.01mm);

R——测力计读数(0.01mm);

(6)计算有效大主应力 σ_1'。

$$\sigma_1' = \sigma_1 - u \qquad (8\text{-}13)$$

式中:σ_1'——有效大主应力(kPa);

u——孔隙水压力(kPa)。

(7)计算有效小主应力 σ_3'。

$$\sigma_3' = \sigma_3 - u \qquad (8\text{-}14)$$

式中:σ_3'——有效小主应力(kPa)。

(8)计算有效主应力比 $\dfrac{\sigma_1'}{\sigma_3'}$。

$$\frac{\sigma_1'}{\sigma_3'} = 1 + \frac{\sigma_1' - \sigma_3'}{\sigma_3'} \qquad (8\text{-}15)$$

(9)计算孔隙水压力系数。

a. 初始孔隙水压力系数 $\qquad B = \dfrac{u_0}{\sigma_3} \qquad (8\text{-}16)$

式中:B——初始孔隙水压力系数;

u_0——施加周围压力产生的孔隙水压力(kPa)。

b. 破坏时孔隙水压力系数

$$A_f = \frac{u_f}{B(\sigma_1 - \sigma_3)} \qquad (8\text{-}17)$$

式中:A_f——破坏时的孔隙水压力系数;

u_f——试样破坏时,主应力差产生的孔隙水压力(kPa)。

(10)绘制主应力差与轴向应变关系曲线。

同图 8-15。

(11)绘制有效主应力比与轴向应变关系曲线。

以有效主应力比为纵坐标,轴向应变为横坐标,绘制有效主应力比与轴向应变曲线(图 8-18)。

(12)绘制孔隙水压力与轴向应变关系曲线。

以孔隙水压力为纵坐标,轴向应变为横坐标,绘制孔隙水压力与轴向应变关系曲线(图 8-19)。

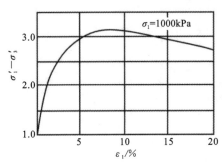

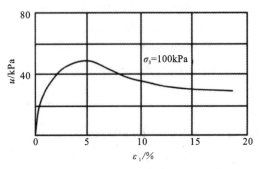

图 8-18　有效应力比-轴向应变关系曲线　　图 8-19　孔隙水压力与轴向应变关系曲线

(13)确定不同周围压力下破坏点的 σ_{1f}、σ_{3f}。

以主应力差或有效主应力比的峰值作为破坏点,无峰值时,以轴向应变 15% 时的主应力差值作为破坏点,确定不同周围压力下破坏点的 σ_{1f}、σ_{3f}。

(14)绘制破损应力圆的总应力抗剪强度包线。

以剪应力 τ 为纵坐标、法向应力 σ 为横坐标建立坐标系,绘制不同周围压力下的破损应力圆,应力圆的圆心坐标为($\frac{\sigma_{1f}+\sigma_{3f}}{2}$,0),半径为 $\frac{\sigma_{1f}-\sigma_{3f}}{2}$,并绘制应力强度包线(图 8-20)。

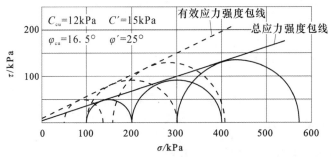

图 8-20　固结不排水抗剪强度包线

(15)确定土的固结不排水总应力抗剪强度参数黏聚力 c_{cu} 和内摩擦角 φ_{cu}。

破损应力圆的抗剪强度包线在纵轴上的截距为土的不固结不排水黏聚力 c_{cu},与横轴的夹角为土的不固结不排水内摩擦角 φ_{cu}。

(16)绘制有效破损应力圆的抗剪强度包线。

以剪应力 τ 为纵坐标、法向应力 σ 为横坐标建立坐标系,绘制不同周围压力下的有效破损应力圆,应力圆的圆心坐标为($\frac{\sigma'_{1f}+\sigma'_{3f}}{2}$,0),半径为 $\frac{\sigma'_{1f}-\sigma'_{3f}}{2}$,并绘制有效应力强度包线(图 8-20)。

(17)确定土的固结不排水有效应力抗剪强度参数黏聚力 c' 和内摩擦角 φ'。

有效破损应力圆的抗剪强度包线在纵轴上的截距为土的有效黏聚力 c',直线与横轴的夹角为土的有效内摩擦角 φ'。

八、固结排水(CD)实验

固结排水实验时,土体在固结和剪切过程中不存在孔隙水压力的变化,或者说,试件在有效应力条件下达到破坏。固结排水实验对于渗透性较大的砂土或粉质土,可根据土样上端排水下端孔隙水压力是否在增长,调整剪切速率,对于渗透性较小的黏性土,则采用土样两端排水,剪切速率可采用 $(0.003 \sim 0.012)\%/\text{min}$,或者按下式估算剪切速率

$$t_\text{f} = \frac{20\,h^2}{\eta\,C_\text{v}} \qquad (8\text{-}18)$$

$$\dot{\varepsilon} = \frac{\varepsilon_{\max}}{t_\text{f}}$$

式中:t_f——试样破坏历时(min);

h——排水距离,即试样高度的一半(两端排水,cm);

C_v——固结系数(cm^2/s);

η——与排水条件有关的系数,一端排水时,$\eta = 0.75$,两端排水时,$\eta = 3.0$;

$\dot{\varepsilon}$——轴向应变速率($\%/\text{min}$);

$\varepsilon_{\max}$——估计最大轴向应变($\%$)。

(一)实验步骤

1. 试样安装

同固结不排水(CU)实验。

2. 试样排水固结

同固结不排水(CU)实验。

3. 试样剪切

剪切过程同固结不排水剪(CU)实验,不同的是剪切速率取 $(0.003 \sim 0.012)\%/\text{min}$,剪切过程中应打开排水阀。

选取 3~4 个试样,在不同周围压力下排水固结,按上述步骤重复实验。

(二)实验记录

三轴压缩实验(固结排水)实验数据记录表见固结不排水(CU)实验记录表 8-6、表 8-7 和下表 8-9。

表 8-9　三轴压缩实验(固结排水)数据记录表(排水剪切过程)

周围压力 $\sigma_3 =$ ＿＿＿＿＿ kPa	固结下沉量 $\Delta h =$ ＿＿＿＿＿ cm
剪切应变速率＝＿＿＿＿＿ ％/min	固结后高度 $h_c =$ ＿＿＿＿＿ cm
测力计率定系数＝＿＿＿＿＿ N/0.01mm	固结后面积 $A_c =$ ＿＿＿＿＿ cm²

轴向变形读数 $\Delta h_i /$ 0.01mm	轴向应变 $\varepsilon_1 /\%$	试样校正后面积 A_a/cm^2	测力计读数 $R/$ 0.01mm	主应力差 $(\sigma_1-\sigma_3)/$ kPa	大主应力力 σ_1/kPa	试样体积变化				体应变 $\varepsilon_v /\%$
						排水管		体变管		
						读数	排出水量/cm³	读数	体变量/cm³	

（三）实验结果整理

(1)按式(8-8)计算试样固结后的高度 h_c。

(2)按式(8-9)计算试样固结后的面积 A_c。

(3)按式(8-10)计算轴向应变 ε_1。

(4)计算试样校正后面积 A_a。

$$A_a = \frac{V_c - \Delta V_i}{h_c - \Delta h_i} \qquad (8\text{-}19)$$

式中：ΔV_i ——排水剪切过程中试样的体积变化(cm³)；

Δh_i ——排水剪切过程中试样的高度变化(cm)。

(5)按式(8-12)计算主应力差 $\sigma_1 - \sigma_3$。

(6)计算主应力比 $\dfrac{\sigma_1}{\sigma_3}$。

$$\frac{\sigma_1}{\sigma_3} = 1 + \frac{\sigma_1 - \sigma_3}{\sigma_3} \qquad (8\text{-}20)$$

(7)绘制主应力差与轴向应变关系曲线(图 8-15)。

(8)以主应力比为纵坐标,轴向应变为横坐标,绘制主应力比与轴向应变关系曲线。

(9)以主应力差或主应力比的峰值作为破坏点,无峰值时,以轴向应变15％时的主应力差值作为破坏点,确定不同周围压力下破坏点的 σ_{1f}、σ_{3f}。

(10)以剪应力 τ 为纵坐标、法向应力 σ 为横坐标建立坐标系,绘制不同周围压力下的破损应力圆,应力圆的圆心坐标为($\dfrac{\sigma_{1f}+\sigma_{3f}}{2}$,0),半径为 $\dfrac{\sigma_{1f}-\sigma_{3f}}{2}$;并绘制破损应力圆的抗剪强度包线。

(11)确定土的固结排水抗剪强度参数黏聚力 c_d 和内摩擦角 φ_d。

破损应力圆的抗剪强度包线在纵轴上的截距为土的固结排水黏聚力 c_d，与横轴的夹角为土的固结排水内摩擦角 φ_d。

实验三　无侧限抗压强度实验

无侧限抗压强度是指试样在无侧向压力(侧面不受任何限制)的条件下,抵抗轴向压力的极限强度。原状土的无侧限抗压强度与重塑土的无侧限抗压强度之比为土的灵敏度。

无侧限抗压强度实验可以视为三轴压缩实验的一种特殊情况,即周围压力 $\sigma_3 = 0$ 的三轴压缩实验,所以又称单轴压缩实验。通过无侧限抗压强度实验,可以快速取得土样天然强度的近似定量值和灵敏度。适用于测定饱和黏性土的无侧限抗压强度及灵敏度。但实验土样需同时具备两个条件:一个是在不排水条件下,要求实验时有一定的应变速率,在较短的时间内完成实验;另一个是试样在自重作用下能自立不变形,对塑性指数较小的土加以限制。

一、实验目的

测定饱和黏性土的无侧限抗压强度 q_u 和灵敏度 S_t。

二、实验原理

该实验所反映的抗压强度可通过土体破坏时莫尔圆半径的大小来表述。由于无黏性土在无侧限条件下试样难以成形,故该实验主要用于黏性土,尤其适用于原状饱和软黏土。在无侧限抗压强度实验中,试样不用橡胶膜包裹,并且剪切速度快,水来不及排出,所以属于不固结不排水剪切实验。

三、实验仪器

(1)应变控制式无侧限压缩仪(图 8-21):由负荷传感器或测力计、加压框架及升降螺杆等组成。应根据土的软硬程度选用不同量程的负荷传感器或测力计。

(2)位移传感器或位移计(百分表):量程 30mm,分度值 0.01mm。

(3)天平:量程 1000g,最小分度值 0.1g。

(4)其他:重塑筒,筒身应可以拆成两半,内径应为 35～40mm,高应为 80mm;秒表;厚约 0.8cm 的铜垫板;卡尺;切土盘;直尺;削土刀;钢丝锯;薄塑料布;凡士林等。

四、实验步骤

(1)按三轴压缩实验制备标准试样。

(2)试样直径宜为 35～40mm(一般情况下直径为 39.1mm),试样高度宜为 80mm。

(3)将制备好的试样放在天平上称重,测定试样的高度和直径,用余土测定试样的含水率;试样高度和直径用游标卡尺量测,试样的平均直径应按下式计算:

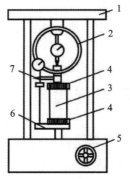

1.轴向加压架;2.轴向测力计;3.试样;4.传压板;

5.手轮或电动转轮;6.升降板;7.轴向位移计。

图 8-21 应变控制式无侧限压缩仪结构图与实物图

$$D_0 = \frac{D_1 + 2D_2 + D_3}{4} \tag{8-21}$$

式中:D_0——试样平均直径(mm);

D_1、D_2、D_3——试样上、中、下部位的直径(mm)。

(4)在试样两端涂抹一薄层凡士林(减小压缩过程中试样与加压板之间的摩擦力约束,避免试样侧向变形不均匀引起的试样内应力分布不均匀),当气候干燥时,试样周围亦需抹一薄层凡士林防止水分蒸发。

(5)将试样小心地置于无侧限压缩仪底座上的下加压板上,转动手轮使下加压板缓慢上升,直至试样上下两端加压板刚好与土样接触为止。将轴向位移计、轴向测力计读数均调至零位。

(6)下加压板宜以每分钟轴向应变为1%～3%的速度上升,使实验在8～10min内完成。

(7)轴向应变小于3%时,每0.5%应变测记轴向力和位移读数1次;轴向应变达3%以后,每1%应变测记轴向力和轴向位移读数1次。

(8)当轴向力的读数达到峰值或读数达到稳定时,应再进行实验至增加3%～5%的轴向应变,即可停止实验;当读数无稳定值时,实验应进行到轴向应变达20%为止。

(9)实验结束后,反转手轮,迅速下降下加压板,取下试样,描述破坏后形状,测量破坏面倾角。

(10)当需要测定灵敏度时,应立即将破坏后的试样除去涂有凡士林的表面,加入少量切削余土,包于塑料薄膜内用手搓捏,破坏其结构,重塑成圆柱形,放入重塑筒内,用金属垫板,将试样挤成与原状样密度、体积相等的试样。然后按照前述步骤(4)～(9)的规定进行实验。

需要注意的是,虽然天然结构土经重塑后结构黏聚力已全部消失,但当放置时间久后还可以恢复一部分,所以重塑土制备完毕后,应立即进行实验。

五、实验记录

无侧限抗压强度实验数据记录见表8-10。

表 8-10　无侧限抗压强度实验数据记录表

测力计率定系数 $C=$ _____ N/0.01mm			试样密度 $\rho=$ _____ g/cm^3		
试样初始高度 $h_0=$ _____ mm			试样含水率 $w=$ _____ %		
试样初始直径 $D_0=$ _____ cm			手轮每转一周,下加压板上升		
试样初始面积 $A_0=$ _____ cm^2			高度 $\Delta L=$ _____ (mm)		
手轮转数 n	测力计读数 R/mm	轴向变形 Δh/mm	轴向应变 ε_1/%	校正后面积 A_a/cm^2	轴向应力 σ/kPa

六、实验结果整理

(1)计算试样的轴向变形 Δh。

$$\Delta h = n \times \Delta L - 0.01R \tag{8-22}$$

式中:Δh——试样轴向变形(mm);

　　n——手轮转数;

　　ΔL——手轮每转一周,下加压板上升高度(mm);

　　R——测力计读数。

(2)计算试样的轴向应变 ε_1。

$$\varepsilon_1 = \frac{\Delta h}{h_0} \times 100 \tag{8-23}$$

式中:ε_1——轴向应变(%);

　　Δh——试样轴向变形(mm);

　　h_0——试样初始高度(mm)。

(3)计算试样校正后的面积 A_a。

$$A_a = \frac{A_0}{1 - 0.01\varepsilon_1} \tag{8-24}$$

式中:A_a——试样校正后的面积(cm^2);

　　A_0——试样初始横截面积(cm^2)。

(4)计算试样受到的轴向应力 σ。

$$\sigma = \frac{CR}{A_a} \times 10 \tag{8-25}$$

式中:σ——轴向应力(kPa);

　　C——测力计率定系数(N/0.01mm);

　　R——测力计读数(0.01mm)。

（5）绘制轴向应力与轴向应变关系曲线。

以轴向应变 ε_1 为横坐标，轴向应力 σ 为纵坐标，绘制轴向应力与轴向应变关系曲线（图 8-22）。取曲线上的最大轴向应力作为无侧限抗压强度 q_u；最大轴向应力不明显时，取轴向应变为 15% 所对应的轴向应力为无侧限抗压强度 q_u。

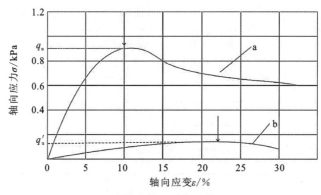

a. 原状土样；b. 重塑土样。

图 8-22　轴向应力与轴向应变关系曲线

（6）计算灵敏度。

灵敏度应按下式计算：

$$S_t = \frac{q_u}{q_u'} \tag{8-26}$$

式中：S_t——灵敏度；

　　　q_u——原状土的无侧限抗压强度（kPa）；

　　　q_u'——重塑土的无侧限抗压强度（kPa）。

第九章　土的残余强度实验

超固结黏土试样在某一有效应力作用下进行剪切实验时,当剪应力达到峰值后,若继续剪切,则剪应力随剪切位移而显著降低,最后达到一个稳定值,该稳定值为土的残余抗剪强度或残余强度。残余强度的室内测定方法有排水反复直接剪切实验和环剪实验。

实验一　排水反复直接剪切实验

一、实验目的

测定超固结黏土或软弱岩石夹层黏土的残余强度指标。

二、实验原理

排水反复直接剪切实验是测定土的残余强度的一种方法,利用应变控制式反复直剪仪,分别对 4 个相同的土样施加不同的法向应力,使其在排水条件下对试样进行反复剪切,直至剪应力达到稳定值。绘制 4 组剪应力 τ 和剪切位移 ΔL 的关系曲线,每条曲线稳定值为该级法向力作用下的残余强度 τ_r,根据库伦定律绘制 τ_r-σ 直线,直线在 τ_r 轴上的截距为土的黏聚力 c_r,直线与 σ 轴的夹角为土的内摩擦角 φ_r。

三、实验仪器

(1)应变控制式反复直剪仪(图 9-1):包括变速设备、可逆电动机和反推夹具。

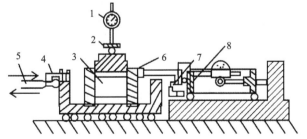

1.垂直变形百分表;2.加压框架;3.试样;4.连接件;5.推动轴;
6.剪切盒;7.限制连接杆;8.测力计

图 9-1　应变控制式反复直剪仪结构示意图及实物图

(2)位移传感器或位移计:量程 5～10mm,分度值 0.01mm。

(3)天平:称量 500g,分度值 0.1g。

(4)环刀:内径 6.18cm,高 2cm。

(5)其他:饱和器、削土刀或钢丝锯、秒表、滤纸、直尺。

以 ZJ 型应变控制式电动四联直剪仪为例介绍其实验步骤。

四、试样制备

(1)对有软弱面的原状土样,先要分清软弱面的天然滑动方向,整平土样两端,使土样顶面平行于软弱面。在环刀内涂一薄层凡士林。切土时,使软弱面位于环刀高度一半处,在试样上标出软弱面的天然滑动方向。

(2)对无软弱面的原状完整黏土或原状超固结黏土,可用环刀正常切取后,将试样放入剪切盒内。先在小于 50kPa 的垂直压力下,以较快的剪切速度进行预剪,形成破裂面。当试样坚硬时,也可用刀、锯等工具先切割成一个剪切面,再施加垂直荷载,待固结稳定后进行剪切。

(3)对泥化带较厚的软弱夹层、滑坡层面,取靠近滑裂面 1～2mm 的土;对泥化带较薄的滑动面,取泥化的土;对无泥化带的裂隙面,取靠近裂隙面两边的土。将所刮取的土样用纯水浸泡 24h 后调制均匀,制备成液限状态的土膏,将其填入环刀内。装填时,应排除试样内的气体,先沿环刀四周填入,然后填中部。

(4)原状试样应取破裂面上的土测定含水率;对于扰动土样,可取切下的余土测求含水率。

(5)试样应达到饱和,饱和方法一般用抽气饱和法。

(6)每组实验应制备 3～4 个试样,同组试样的密度最大允许差值应为 ±0.03g/cm³。

五、实验步骤

(1)先对仪器进行检查。调整平衡锤位置,使杠杆处于平衡状态,调整时,用手扶正拉杆,目测杠杆基本水平,旋紧并帽(一般仪器出厂前已调整好,用户可直接使用)。

(2)对准上、下剪切盒,插入螺丝插销旋紧,顺次放入饱和的透水板、滤纸,将环刀样刃口朝上置于上剪切盒上端并对正,将试样推入剪切盒内。再放上滤纸、透水板及传压板。

(3)转动顶头,向前推动量力环,使加压框处于垂直状态(此时杠杆目测应处于水平位置),向前旋进固定座上的螺丝顶头,直至百分表微动,使每联均接触好,然后并紧锁螺母(以后可不调整)。

(4)将加压框上的横梁压头对准传压板,调整压头位置,使杠杆水平或微上抬,框架向后时,容器部分能自由取放。

(5)调整量力环中间的百分表读数为零。

(6)根据工程实际和土的软硬程度施加各级垂直压力(不能超过 400kPa),建议垂直压力分别为 50kPa(不加砝码)、100kPa(加 1 个 1.275kg 砝码)、200kPa(加 1 个 1.275kg 砝码和

1 个 2.55kg 砝码)、400kPa(加 1 个 1.275kg 砝码和 3 个 2.55kg 砝码)。

(7)拔出螺丝插销。

(8)打开电脑、音箱和四联直剪仪上的控制面板开关,实验时听声音指令进行仪器操作。

(9)打开软件,依次点击文件→工程管理→新建工程,输入工程名称和试验编号,点击应用;依次点击采集→直剪试验,输入试验编号、土样编号和剪切量(不能大于 6mm),选择试验方法、荷重序列和剪切速率(剪切速率不能超过 2.4mm/min),点击回车键。

(10)在控制面板上点击 F1 调整剪切速率,并使其与软件中设置的剪切速率相同,剪切速率的设定按实验要求而定。必须分别设置软件中的剪切速率和控制面板上的剪切速率,并使其相同。

(11)参数设置完毕后,首先点击软件中仪器状态框中左侧部位,选择开始实验,再次点击上述部位,选择开始剪切,然后在控制面板上点击 F3 使电机前进,试样开始剪切。必须先后在软件和控制面板上点击开始试验和前进按钮。

(12)开始剪切试验后,不能随意接触控制面板上的按钮,观察剪切应力-剪切位移曲线,待实验结束后,会听到声音指令,立即点击 F3 使电机停止,剪切结束。

(13)剪切结束后,点击控制面板上的 F4,倒转手轮,用反推设备以不大于 0.6mm/min 的剪切速度将下剪切盒反向推至与上剪切盒重合位置,再次点击 F4 按钮,电机停止。

(14)按上述步骤进行第二次剪切。一次剪切完后,允许相隔一定时间后再按上述步骤进行下一次剪切。如此,继续反复进行剪切至剪应力达到稳定值为止。粉质黏土、砂质黏土需 5~6 次正向剪切,正向总剪切位移量为 40~48mm;黏土需要 3~4 次正向剪切,正向总剪切位移量为 24~32mm。

(15)剪切结束,吸去剪切盒中积水,尽快卸除位移传感器或位移计、垂直压力、加压框架、加压盖板及剪切盒等,并描述剪切面的破坏情况。取剪切面附近的土样测定剪切后含水率。

六、实验记录

排水反复直接剪切实验数据记录表见表 9-1。

表 9-1　排水反复直接剪切实验数据记录表

测力计率定系数 $C/(\mathrm{N \cdot 0.01mm^{-1}})$		剪切次数	
剪前固结时间/min		剪前固结沉降量/mm	
垂直压力 P/kPa		剪切速率/$(\mathrm{mm \cdot min^{-1}})$	
剪切位移 ΔL/0.01mm	垂直位移计读数/0.01mm	测力计读数 R/0.01mm	剪应力 τ(kPa)
20			
40			

续表 9-1

60			
80			
100			
120			
140			
160			
180			
200			
220			
...			
800			

七、实验结果整理

（1）以剪应力 τ 为纵坐标，剪切位移 ΔL 为横坐标，绘制不同法向力作用下剪应力 τ 与剪切位移 ΔL 关系曲线（图 9-2），ΔL、τ 的计算分别见第八章式(8-1)、式(8-2)。

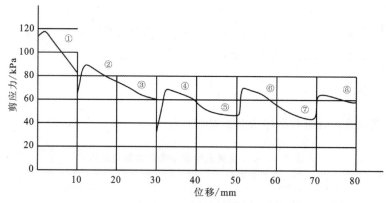

图 9-2 反复直接剪切实验剪应力-位移曲线

（2）取 τ-ΔL 关系曲线上第一次剪切时的峰值作为破坏强度，取曲线上最后稳定值作为残余强度。

（3）绘制抗剪强度与法向应力的关系曲线，抗剪强度包括峰值强度和残余强度。

（4）残余强度-法向应力关系直线在纵轴上的截距为土的黏聚力 c_r，与横轴的夹角为土的内摩擦角 φ_r。

实验二　环剪实验

环剪实验可以控制实验过程中剪切面积不变,可以在较稳定的法向应力和剪切速率下进行大位移剪切实验,能有效地测定土的残余强度。

一、实验目的

测定超固结黏土或软弱岩石夹层黏土的残余强度指标。

二、实验原理

利用环剪仪测定土的残余强度是一种比较有效的方法。实验时先将外、内径分别为 D_1、D_2 的环形试样装入上、下剪切盒内,再对试样施加法向荷载 P,以一定速率转动下剪切盒,试样在下剪切盒转动下发生相对运动,产生剪切位移 u,逐渐在上、下盒开缝处形成剪切带,剪切位移和剪应力逐步增加,直至试样破坏。在显示屏上读取不同时间 t 时的扭矩值 T,或连接数据采集系统获取扭矩值 T 与时间 t,获取 $3\sim4$ 个不同垂向荷载下试样剪应力-剪切位移曲线,根据该曲线确定土的残余强度,绘制残余强度-法向应力关系曲线,确定土的残余强度指标黏聚力 c_r 和内摩擦角 φ_r。

三、实验仪器

(1)HJ-1 型环剪仪(图 9-3):由环剪容器、机架部件、单杠杆式垂直加压框架、步进电机及变速部件、扭矩传感器和数据显示屏等组成。环剪容器由底座、外下环、内下环、透水板(下)、外上环、内上环、透水板(上)、扭矩荷重帽、小轴等组成。透水板上装有十二条厚0.25mm、高3mm 的刀刃。其主要技术指标见表 9-2。

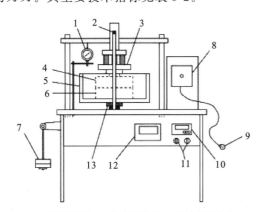

1.竖向位移计;2.传感器接口;3.垂直加压框架;4.上剪切盒;5.水槽;6.下剪切盒;7.砝码;
8.步进电机;9.扭矩传感器连接插头;10.剪切速率调整按钮及显示屏;
11.仪器及剪切方向开关;12.剪切扭矩显示屏;13.传动齿轮。

图 9-3　HJ-1 型环剪仪结构示意图及实物图

表 9-2　HJ-1 型环剪仪主要技术指标

试样外径/mm	100	试样面积/mm²	50.27
试样内径/mm	60	法向应力/kPa	0～900
试样高度/mm	20	扭矩/N·m	0～300
试样平均直径/mm	81.70	剪切速率/((°)·min⁻¹)	0.03～10

（2）位移传感器或位移计（百分表）：量程 5～10mm，分度值 0.01mm。

（3）天平：称量 2000g，分度值 0.01g。

（4）环刀：外环刀直径 100mm，内环刀直径 60mm，高 20mm。

（5）其他：饱和器、削土刀或钢丝锯、滤纸、直尺。

（6）制样器（图 9-4）：外环刀、套筒、压样柱、方形底座、内环刀和圆环模具。

1. 外环刀；2. 套筒；3. 压样柱；4. 方形底座；5. 内环刀；6. 圆环模具。

图 9-4　环剪实验制样器

四、实验前的检查和准备

（1）上、下剪切盒清理干净。

（2）确保加载砝码齐全，能满足实验要求。

（3）变速箱运转正常。

（4）显示器能正常显示。

五、试样制备

1. 原状土试样制备

（1）将外环刀（内径 Φ100mm，高 20mm 的环刀）均匀压入原状土样，用削土刀或钢丝锯把土柱划断，并用刮刀刮平。

（2）将 2 个圆环模具分别装在外环刀样的底、顶部。将内环刀从顶部模具缓慢压入土样中，压入时，应注意保持环刀与试样垂直，压入时可使内环刀略微转动。

2. 扰动土试样制备

（1）制备给定干密度及含水率的扰动土试样，测定试样的含水率及密度，试样需要饱和时需进行抽气饱和，具体方法详见第一章。

（2）根据环刀样体积、干密度和含水率利用式（1-2）计算所需土样质量，将称量好的土样分三次放入制样器中，每次放入土样后用压样柱将土样压实。

（3）土样初步密实后，用千斤顶缓慢将土样压实至外环刀高度［图 9-5（a）］。

（4）取出套筒，外环刀上部套入圆环模具中，并用千斤顶将内环刀从圆环模具中部圆形孔压入试样中，如图 9-5（b）所示。

（5）取出内环刀中的土样［图 9-5（c）］，测定密度和含水率；外环刀中所剩土样即为环状实验样［图 9-5（d）］。

（a）　　　　　　（b）　　　　　　（c）　　　　　　（d）

图 9-5　环剪实验扰动样制样过程

六、实验步骤

（1）拧开单杠杆加荷上横梁两端盖形螺母，拆下上横梁，拔下扭矩传感器电缆插头，将上剪切盒和扭矩荷载传力部件竖直缓慢往上提，直至从两根立柱上取下，放在一边。

（2）把根据环形试样尺寸剪好的环状滤纸放入上、下剪切盒的刀片之间，然后将环形试样缓慢推入下剪切盒内，再将上剪切盒和扭矩荷载传力部件套入两根立柱，缓慢往下放，直至上、下剪切盒接触。

（3）用盖形螺母连接加荷上横梁和两根立柱，调节接触螺钉与扭矩荷载部件中的传力杆至微接触，调节杠杆平衡。

（4）安装竖向位移百分表，调节指针至与立柱间的横梁下方接触，并将读数调整为零。

（5）将变速箱上的连接线接头插入扭矩传感器上的接口。

（6）若试样需要固结，可根据需要加载至所需荷载，每小时测记垂直变形读数，当每小时垂直变形读数变化不大于 0.005mm 时，认为已达固结稳定。如试样不需要固结，此步骤可以省略。

（7）对试样施加垂直压力 P，垂直压力 P 与砝码质量的关系见仪器上的表盘；每组实验应取 3～4 个试样，在 3～4 种不同垂直压力下进行剪切实验。可根据工程实际和土的软硬程度施加各级垂直压力，垂直压力的各级差值要大致相等，也可取垂直压力分别为 100kPa、

200kPa、300kPa、400kPa，各个垂直压力可一次轻轻施加，若土质松软，也可分级施加以防试样挤出。

（8）将扭矩显示屏上的初始值设置为零。

（9）启动总电源开关，调节转速显示屏上的左、右键，设置剪切速率，步进电机控制器设置速度为 100 时，剪切盒旋转速度为 3(°)/min。

（10）启动电机顺时针或逆时针按钮，按照设定好的剪切速率对试样进行剪切实验，直至扭矩显示屏上的扭矩值不发生变化或在某一个值附近小范围波动，实验结束。关闭电机顺时针或逆时针旋钮和总电源开关，移去垂直压力框架，取下上剪切盒，取出试样，将上下剪切盒内的土样清理干净。需要时，测定剪切面附近土的含水率。

（11）选取 3~4 个试样，在不同垂直压力下重复上述步骤进行实验。

六、实验记录

环剪实验数据记录见表 9-3。

表 9-3　环剪实验数据记录表

垂直压力 P _____(kPa)		剪切速率 v _____ (°)·min^{-1}	
时间 t/min	扭矩 T/N·m	剪应力 τ/kPa	剪切位移 u/(°)

七、实验结果整理

（1）试样的剪应力应按下式计算。

$$\tau = \frac{12T}{\pi(D_1^3 - D_2^3)} \tag{9-1}$$

式中：τ——剪应力(kPa)；

$\quad T$——扭矩(N·m)；

$\quad D_1$——试样外径(100mm)；

$\quad D_2$——试样内径(60mm)。

（2）试样的剪切位移应按下式计算。

$$u = vt \tag{9-2}$$

式中：u——剪切位移(°)；

$\quad v$——剪切速率((°)/min)。

（3）以剪应力 τ 为纵坐标，剪切位移 u 为横坐标，绘制不同法向力作用下剪应力 τ 与剪切位移 u 关系曲线。

（4）取剪应力 τ 与剪切位移 u 关系曲线的稳定值作为残余强度。

（5）绘制残余强度与法向应力的关系曲线。

（6）残余强度–法向应力关系曲线在纵轴上的截距为土的黏聚力 c_r，与横轴的夹角为土的内摩擦角 φ_r。

主要参考文献

曹艳梅,马蒙,2020.轨道交通环境振动土动力学[M].北京:科学出版社.

陈群策,孙东生,崔建军,等,2019.雪峰山深孔水压致裂地应力测量及其意义[J].地质力学学报,25(5):853-865.

陈子华,陈蜀俊,陈健,等,2012.土石混合体渗透性能的试坑双环注水实验研究[J].长江科学院院报,29(4):52-56.

崔德山,2009.离子土壤固化剂对武汉红色黏土结合水作用机理研究[D].武汉:中国地质大学(武汉).

高彦斌,费涵昌,2019.土动力学基础[M].北京:机械工业出版社.

国家铁路局,2018.铁路工程地质原位测试规程:TB 10018—2018[S].北京:中国铁道出版社.

国家铁路局,2004.铁路工程水文地质勘察规程:TB 10049—2004[S].北京:中国铁道出版社.

黄伟,项伟,王菁莪,等,2018.基于变形数字图像处理的土体拉伸实验装置的研发与应用[J].岩土力学,39(9):3486-3494.

黄震,姜振泉,曹丁涛,等,2014.基于钻孔压水实验的岩层阻渗能力研究[J].岩石力学与工程学报,33(S2):3573-3580.

姬美秀,2005.压电陶瓷弯曲元剪切波速测试及饱和海洋软土动力特性研究[D].杭州:浙江大学.

李德吉,杨光华,张玉成,等,2012.孔压静力触探实验用于港珠澳大桥工程土层划分的实例分析[J].广东水利水电(7):7-8.

李广信,张丙印,于玉贞,2013.土力学[M].2版.北京:清华大学出版社.

李平,朱胜,田兆阳,等,2020.松原 $Ms5.7$ 级地震砂土液化场地地脉动特性[J].岩石力学与工程学报,39(4):855-864.

林宗元,1991.土力学工程实验监测手册[M].北京:中国建筑工业出版社.

刘松玉,2017.土力学[M].4版.北京:中国建筑工业出版社.

刘亚平,胥新伟,魏红波,等,2018.港珠澳大桥深水地基载荷实验技术[J].岩土力学,39(S2):487-492.

刘洋,2019.土动力学基本原理[M].北京:清华大学出版社.

刘佑荣,唐辉明,2009.岩体力学[M].北京:化学工业出版社.

卢宁,2012.非饱和土力学[M].北京:高等教育出版社.

罗先启,刘德富,吴剑,等,2005.雨水及库水作用下滑坡稳定模型实验研究[J].岩石力学与工程学报,24(14):2476-2483.

裴向军,张硕,黄润秋,等,2018.地下水雍高诱发黄土滑坡离心模型试验研究[J].工程科学与技术,50(5):55-63.

孙文静,孙德安,2018.非饱和土力学实验技术[M].北京:水利水电出版社.

王洪波,张庆松,刘人太,等,2018.基于压水实验的地层渗流场反分析[J].岩土力学,39(3):985-992.

王臻华,项伟,吴雪婷,等,2019.碱性氧化剂对水泥固化淤泥强度的影响研究[J].岩土工程学报,41(4):693-699.

谢定义,2011.土动力学[M].北京:高等教育出版社.

谢定义,2015.非饱和土土力学[M].北京:高等教育出版社.

于永堂,郑建国,刘争宏,等,2016.钻孔剪切实验及其在黄土中的应用[J].岩土力学,37(12):3635-3641.

袁聚云,徐超,贾敏才,等,2011.土力学体测试技术[M].北京:水利水电出版社.

袁聚云,2004.土工实验与原位测试[M].上海:同济大学出版社.

赵成刚,2017.土力学原理[M].2版.北京:北京交通大学出版社.

中华人民共和国国家市场监督管理总局,2001.供水水文地质勘察规范:GB 50027—2001[S].北京:中国标准出版社.

中华人民共和国国家市场监督管理总局,2009.岩土工程仪器可靠性技术要求:GBT 24108—2009[S].北京:中国标准出版社.

中华人民共和国国家市场监督管理总局,2017.岩土工程仪器设备的检验测试通用技术规范:GB/T 34807—2017[S].北京:中国标准出版社.

中华人民共和国国家市场监督管理总局,2009.岩土工程仪器术语及符号:GBT 24106—2009[S].北京:中国标准出版社.

中华人民共和国住房和城乡建设部,2004.湿陷性黄土地区建筑规范:GB 50025—2004[S].北京:中国建筑工业出版社.

中华人民共和国住房和城乡建设部,2009.岩土工程勘察规范:GB 50021—2001[S].北京:中国建筑工业出版社.

中华人民共和国水利部,2005.水利水电工程钻孔抽水试验规程:SL320—2005[S].北京:中国水利水电出版社.

中华人民共和国水利部,2003.水利水电工程钻孔压水实验规程:SL31—2003[S].北京:中国水利水电出版社.

中华人民共和国水利部,2007.水利水电工程钻孔注水实验规程:SL345—2007[S].北京:中国水利水电出版社.

中华人民共和国住房和城乡建设部,2013.工程岩体试验方法标准:GB/T 50266—2013[S].北京:中国计划出版社.

中华人民共和国住房和城乡建设部,2014.膨胀土地区建筑技术规范:GB 50112—2013 [S].北京:中国计划出版社.

中华人民共和国住房和城乡建设部,2019.土工试验方法标准:GB/T 50123—2019[S].北京:中国计划出版社.

中华人民共和国住房和城乡建设部,2014.岩土工程基本术语标准:GB/T 50279—2014 [S].北京:中国计划出版社.

中华人民共和国住房和城乡建设部,2014.有色金属矿山水文地质勘探规范:GB 51060—2014[S].北京:中国计划出版社.

CHARLES W W NG,BRUCE MENZIES,2007. Advanced Unsaturated Soil Mechanics and Engineering[M]. Abingdon: Taylor & Francis Group.

FREDLUND D G, RAHARDJO H, FREDLUND M D, 2006. Unsaturated Soil Mechanics in Engineering Practice [M]. Paris:EDP Sciences.

LIAO L,YANG Y,YANG Z,et al,2018. Mechanical State of Gravel Soil in Mobilization of Rainfall-Induced Landslide in Wenchuan seismic area,Sichuan province,China[J]. Earth Surface Dynamics Discussions,10:1-15.

LUNNE T,ROBERTSON P K,POWELL J J M,2009. Cone-penetration testing in geotechnical practice[J]. Soil Mechanics & Foundation Engineering,46(6):237-237.

PERRAS M A ,DIEDERICHS M S,2014. A Review of the Tensile Strength of Rock: Concepts and Testing[J]. Geotechnical and geological engineering,32(2):525-546.